大人の教養

面白いほどわかる 生物

伊藤和修

＊この本には「赤色チェックシート」がついています。

はじめに

▶健康，病気，環境，食品などにかかわるニュースを毎日のように目にするこの時代に！

新型コロナウイルスのパンデミック，温室効果ガスによる地球温暖化，食糧問題，がん，生活習慣病……私たちが『生き物』についての教養をもち合わせておくことが重要な時代になっています。しかし，日本では，多くの高校生が**「生物」**を学ばずに高校を卒業していくという現実があります。

高校の「生物」では，免疫，ホルモン，神経などの自分のからだにかかわる基本的なしくみの理解，環境問題や進化などについての教養を学ぶことができるのですが，これらに触れぬまま社会人になっている方が非常に多いという現状があります。

テレビやインターネットには毎日のように病気，健康，食品などのニュースが流れています。新型コロナウイルスのパンデミックのさい，テレビを見て，SNSを見て，インターネットを見て，職場の同僚や友人などと話して，「情報を受ける側の私たちが，一定程度の知識，教養をもつことが絶対に大切だ！」と痛感しました。

▶多くの方に生物学の教養を！

溢(あふ)れかえる情報をシッカリと理解，判断し，選別すること。多くの方が生物学の教養をもち合わせていれば，いわゆる『似非(えせ)科学』，『似非(えせ)医療』のような類のものに騙(だま)されたり，健康を損ねたり（最悪の場合，治る病気を治す機会を失ったり）することもなくなると考えています。

私は，そのために必要なものは絶対に教育であると考え，日々誇りをもって若者に「生物」を教えています。今回，大人の方を対象として，生物学の基本事項をまとめた書籍を世に出す機会をいただきました。この書籍をとおして，健康や医療に対して正しい判断ができ，生物学にちょっと興味をもっていただき，幸せになる人が増えることを心の底から願っています。

▶本書の内容と使い方

本書は，現在の高校の教科書の内容に準拠したものとなっていますので，「教養にしてはチョット詳しすぎないか？」という部分もあります。ややこしいと感じる部分はサラっと読み飛ばしていただいて全然 OK です。また，高校や大学で生物学に触れた方は「最近の高校生はこんなことまで学ぶのか，すごいなぁ！」と感じることと思います。読み方は自由，読む順番も自由です。受験対策をするわけではありませんので，「これも覚えなきゃ！」というプレッシャーもありません。とにかく，楽しんでいただければと思います。

最後になりますが，本書を作成するうえで大変お世話になりました㈱KADOKAWA の村本悠様をはじめ，作成に携わってくださった皆様に，この場を借りて御礼申し上げます。

伊藤　和修

※本書には，学生時代に活用した懐かしの**赤色チェックシート**が付いています。
単語などを覚えたい場合にご活用ください。

もくじ

第７章　動物の環境応答 ～神経系を学ぶ～

～脳は宇宙だ！　学ぶほどに不思議だ！～

第８章　生物の進化

～「進化」といえば恐竜の研究？　いえ，全然違います！～

第９章　生態と環境

～ SDGs でも環境保全は重要視されています！～

本文デザイン：長谷川有香（ムシカゴグラフィクス）
本文イラスト：どいせな、熊アート

第1章
生物の特徴
～ヒトとサクラと大腸菌の共通点は？～

「生物多様性を守らねばならない！」

これは，環境問題を議論するさいの基本スタンス，大前提です。2021年には，生物多様性を守るための国際的な協力を図るためのHAC（High Ambition Coalition for Nature and People，自然と人びとのための高い野心連合）という国際的グループが発足し，日本を含めた90か国以上が参加しています。

暑い地域から寒い地域までさまざまな生態系が存在し，そこにさまざまな種類の生物がおり，各生物も均一ではなくさまざまな遺伝子をもつ。このような生物多様性を守ることで，安定した生態系となり，われわれ人類も生態系からの恩恵を継続的，安定的に享受することができるのです。

現在の地球にはさまざまな生物がいて，多様性があります。ゴリラ，チューリップ，マツタケ，乳酸菌……多種多様な生物がいますが，生物である以上は多くの共通点があります。たとえば，「DNA をもつ」，「細胞からなる」など。多くの共通点をもちつつも，生物には多様性がある，というところがおもしろい部分です。

第1章では，生物の多様性と共通性に注目しながら，生物について分子レベルでちょっと学んでみましょう。**「タンパク質ってなに？」**，**「DNA ってなに？」** など，テレビやインターネットで頻繁に耳にする生物にかかわる用語のイメージがつかめると，医療関係，健康，環境問題，食品などの生物がかかわるニュースを自分の教養を踏まえて理解し，合理的な判断をすることができるようになると思います。

第１章　生物の特徴

生物学は多様性と共通性がキーワード

地球上にはさまざまな生物がいますね！

❶　生物の多様性

現在，地球上には約190万種もの生物が確認され，名前がつけられています。実際には，発見されていない**生物**が多くいるので，実際の**種**の数は数千万を超えるともいわれているんです。

「種」って，何かわかりますか？

「種」というのは生物を分類（←グループ分けすること）するさいの基本になる単位で，一般には同じ種どうしであれば子孫を残していくことができます。

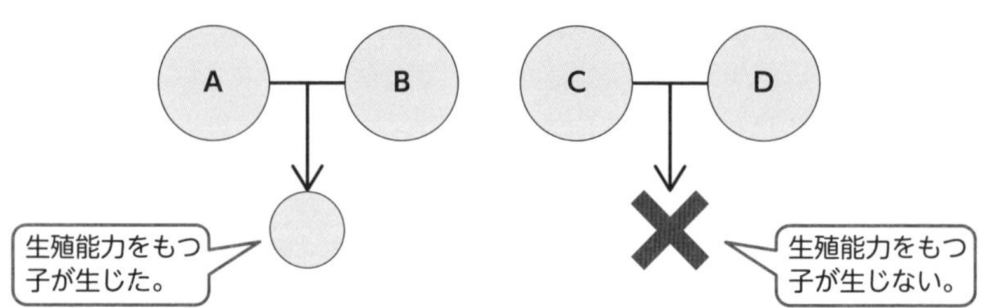

AとBは同じ種，CとDは別の種ですね！

❷　生物の多様性と進化

こんなに多くの種がいるのは，なぜでしょう？

長〜い，長〜い時間をかけて世代を経ていくなかで，生物は少しずつ変化してきました。これを**進化**といいます！　生物は進化の過程で，祖先にはなかった新しい形質を獲得し，さまざまな環境に生活の場を広げてきました。その結果として，地球上には，さまざまな種が存在するんですよ。

ある種は陸上の生活に適応し……，別の種は水中での生活に適応し……，というようにです。

この図を見たことがありますか？

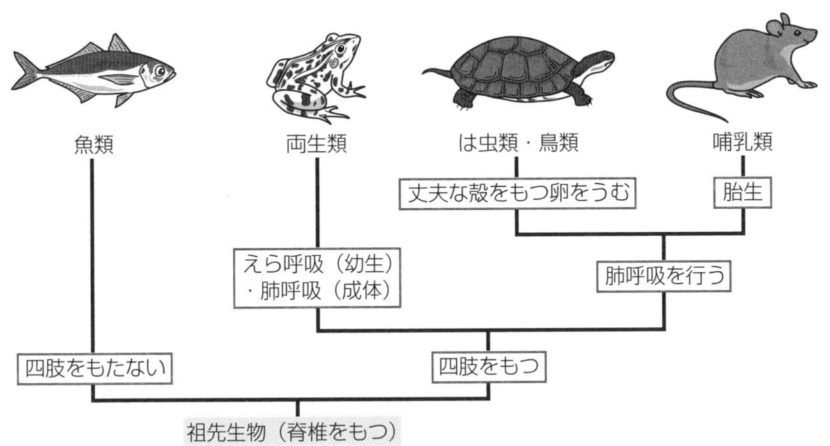

上の図は**系統樹**といいます。生物が進化してきた道筋のことを**系統**というんですが，これを樹木のような図で表現したものが系統樹です。わかりやすいですね。上の図を見ると，私たち哺乳類にとって，は虫類は魚類よりも近縁だということが一目瞭然です！

❸ 生物の共通性

ヒト，サクラ，大腸菌の共通点は何でしょう？

生物には多様性があることはわかってもらえたと思います。しかし，生物には共通性があり，どんな生物にも共通する特徴がいくつもあります。代表的なものを次のページに列挙します！

❶ 細胞をもつ。
❷ DNA をもつ。
❸ 代謝を行う。
❹ ATP をつかう。
❺ 体内の状態を一定に保つしくみをもつ。

詳しい内容はあとの章で説明します！

ウイルスっていうのは生物なんですか？

ウイルスは生物としての特徴の一部だけをもつものなので，一般には生物として扱われません。しかし，「生物と無生物の中間的な存在」という微妙な存在として扱われることもあります。

第１章　生物の特徴

細胞の構造の基本を学ぶ

原核生物とは，どんな生物でしょうか？

❶　原核細胞と真核細胞

細胞には核をもたない**原核細胞**と，核をもつ**真核細胞**があります。原核細胞でできた生物が**原核生物**，真核細胞でできた生物が**真核生物**です。原核細胞は**核**をもたないだけでなく，葉緑体やミトコンドリアなどの**細胞小器官**ももっていません。

原核生物の代表例としては**大腸菌**，**ユレモ**，**イシクラゲ**などの**細菌**があります。ユレモとイシクラゲは，**シアノバクテリア**とよばれるグループに属しており，葉緑体をもっていませんが，光合成をします！

大腸菌は右の図のような構造をしています。DNA はもちろんですが，細胞壁やべん毛をもっていますよ。

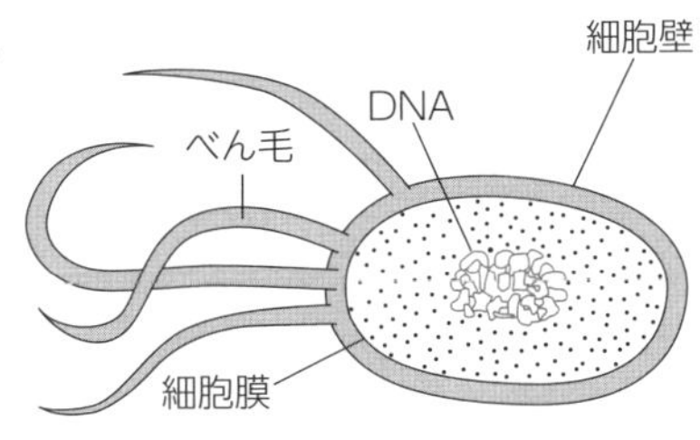

大腸菌

❷　真核細胞の構造

まずは，植物細胞と動物細胞の模式図を見てみましょう！

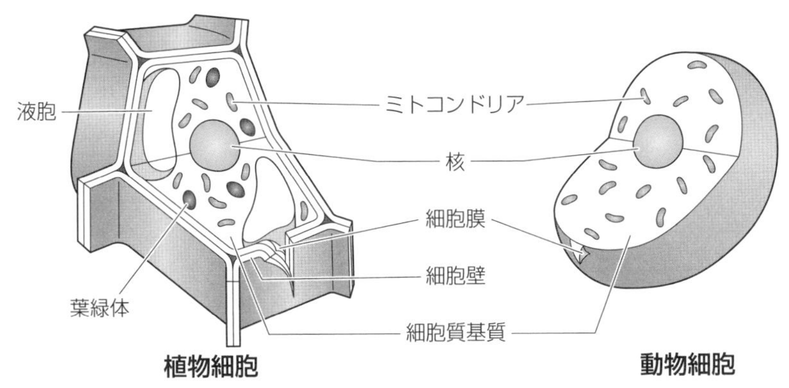

植物細胞　　動物細胞

❶ 細胞膜・細胞壁

細胞は**細胞膜**に包まれています。これは原核細胞でも同じですね。細胞膜は厚さが5～10nm ほどで，細胞膜を通ってさまざまな物質が細胞に出入りしています。ちなみに，**1mm ＝1000μm**（マイクロメートル）＝**1000000nm**（ナノメートル）という関係です。

植物細胞や多くの原核細胞では細胞膜の外側に**細胞壁**があります。植物細胞の細胞壁は**セルロース**という糖（炭水化物）が主成分で，細胞の保護，細胞の形の維持などのはたらきを担っています。

「-ose」は糖（炭水化物）という意味です。
セルロース，グルコース，リボース……，などがありますね。

❷ 核

真核細胞には，ふつう1個の**核**があります。核のなかには DNA があり，DNA はタンパク質と結合して**染色体**の状態で存在しています。染色体は**酢酸オルセイン**などで染色できますね。

❸ 細胞質

細胞の核以外の部分を**細胞質**といいます！　細胞質にはミトコンドリアなどの細胞小器官があり，それらの間を**細胞質基質**という液体が満たしています。細胞質基質は流動性があるので，その流れにのって細胞小器官が動いているようすを観察することができます。このような現象を**原形質流動**（細胞質流動）といいます。

❹ ミトコンドリア

ミトコンドリアは長さが1～数μm で，**呼吸**（⇒ p.31）によって有機物を分解してエネルギーを取り出すはたらきをしています。じつは……，ミトコンドリアには核とは異なる独自の DNA があるんです！　ミトコンドリアと葉緑体は独自の DNA をもっていることから，これらはかつてシアノバクテリアや好気性細菌が真核生物の細胞に取り込まれて共生したと考えられています。これを**共生説**といいます。

❺ 葉緑体

葉緑体は直径が5～10μm の紡錘形や凸レンズのような形をしており，**光合成**（⇒ p.31）を行っています。**クロロフィル**という緑色の色素があるので，緑色に見えるんです。そして……，葉緑体にも独自の DNA があります！

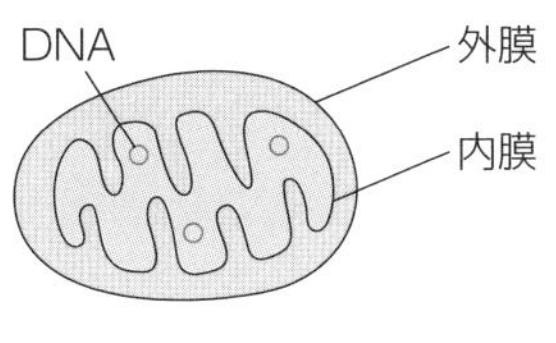

ミトコンドリア

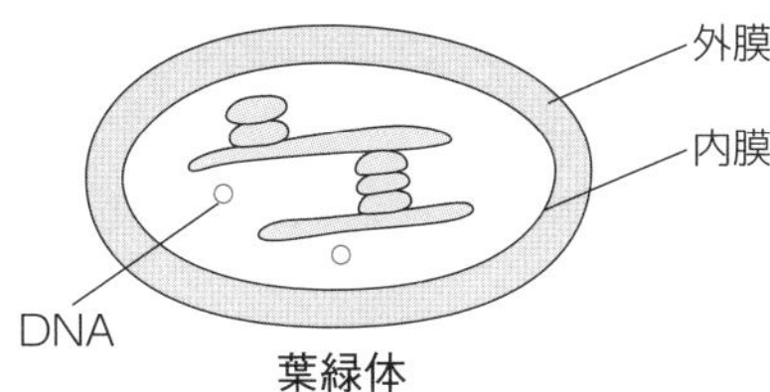

葉緑体

❻ 液胞

液胞は液胞膜で包まれた細胞小器官で，内部は**細胞液**という液体で満たされています。細胞液には糖や無機塩類などが含まれていて，成長した植物細胞では特に大きくなります（右の図）。植物によっては**アントシアン**という赤・青・紫色の色素が含まれています。

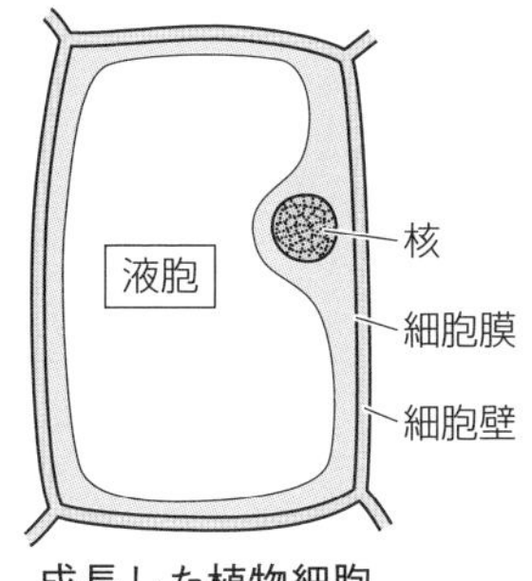

成長した植物細胞

たしかに，シアン(cyan)って青色ですもんね！

❸ 細胞の構造のまとめ

どの生物が，どんな細胞小器官をもつのかを整理しましょう！

どの生物がどの細胞小器官をもつのかを，代表的な生物について表にまとめておきます。

なお，大腸菌やユレモは細菌で原核生物。**酵母**は菌類というグループに属しているカビ・キノコのなかまで，真核生物です！　**ゾウリムシ**や**ミドリムシ**は真核生物で，1つの細胞からなる単細胞生物として有名です。

	細胞膜	細胞壁	核	ミトコンドリア	葉緑体
大腸菌	○	○	×	×	×
ユレモ	○	○	×	×	×
酵母	○	○	○	○	×
ゾウリムシ	○	×	○	○	×
ミドリムシ	○	×	○	○	○
ヒト	○	×	○	○	×
サクラ	○	○	○	○	○

注：表中の○は存在すること，×は存在しないことを意味します。

第１章　生物の特徴

細胞の構造を本格的に学ぶ

1　細胞の構造（分子レベル）

細胞の構造について，先ほどは光学顕微鏡で観察できるレベルで学びました。

核，葉緑体，ミトコンドリア，液胞……
あっ，**共生説**も学びましたね！

すばらしい♪
ここからは細胞の構造を分子レベルで見ていきますよ!!

まずは真核細胞の構造の図を見てみましょう！

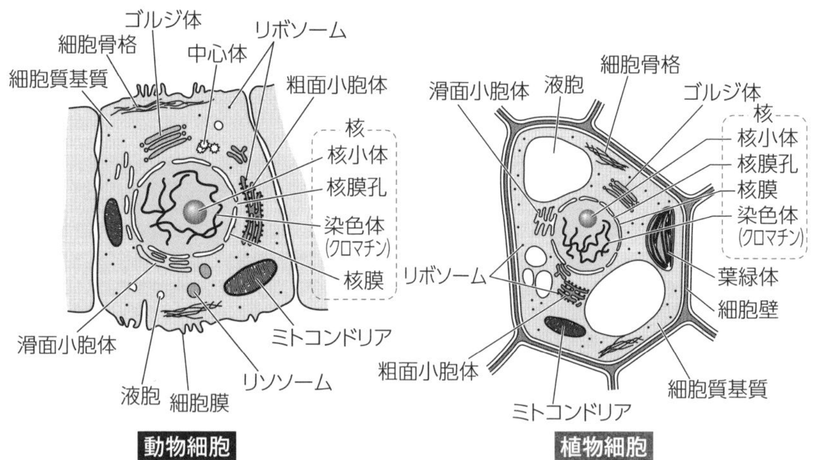

❶　細胞膜

真核細胞も原核細胞も**細胞膜**で包まれています。**リン脂質**とタンパク質が主成分で，ミトコンドリアやゴルジ体などを構成する膜も細胞膜と同じような構造をしており，これらは**生体膜**とよばれます。細胞膜については19ページで詳しく扱います！

❷ 核とリボソーム

核と**リボソーム**は，タンパク質の合成にかかわる構造です。核は二重膜からなる核膜に包まれており，内部に**クロマチン**（⇒ p.73）と1～数個の**核小体**があります（下の左図）。mRNA（⇒ p.61）は核膜孔を通ってリボソームに移動し，ここでmRNAに転写された遺伝情報をもとにタンパク質がつくられます（⇒ p.62）。リボソームは**ポリペプチド**（⇒ p.23）と**リボソームRNA**（rRNA）からなる構造です（下の右図）。

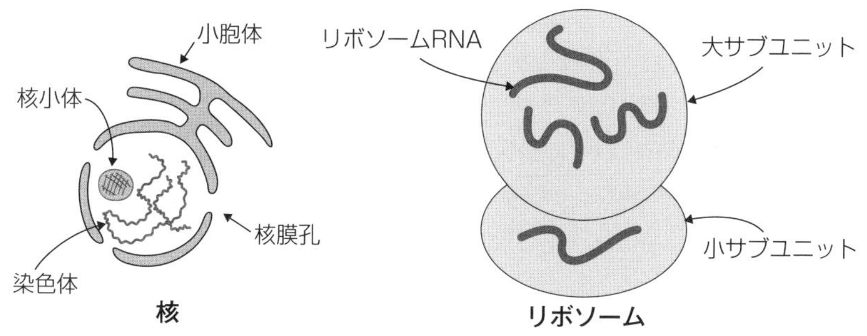

「ribo-」はリボース，つまりRNAを意味します。
RNAが含まれる構造なので，リボソームです！

❸ 小胞体，ゴルジ体

核膜の外側の膜をよ～く見てみると……，**小胞体**という膜状の構造体と繋がっています！　小胞体にはリボソームが付着している**粗面小胞体**とリボソームが付着していない**滑面小胞体**があります。粗面小胞体のリボソームで合成されたタンパク質は小胞体内に入り，小胞体内部を移動し，**ゴルジ体**へと送られます。

ゴルジ体に送られたタンパク質は糖の付加などの処理を受け，小胞に包まれて送り出されます。この小胞が細胞膜に送られるとタンパク質が細胞外に分泌されます（次ページの図）。また，この小胞が**リソソーム**に送られるとタンパク質が分解されます。

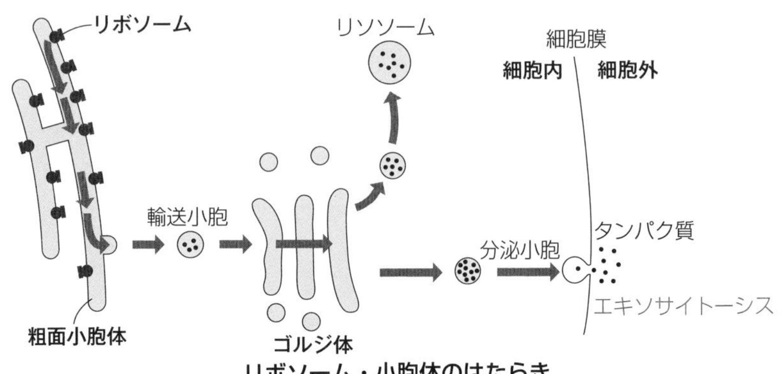

リボソーム・小胞体のはたらき

「ribo-」はリボースという意味でした。
リソソームの「リソ」って何ですか？

「lyso-」は加水分解という意味です。
加水分解酵素を多く含んでいる構造なので，リソソーム！

❹ ミトコンドリア

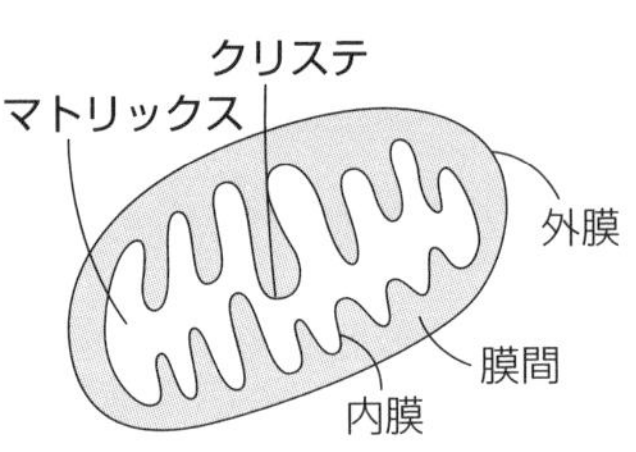

ミトコンドリアは真核細胞に存在し，**呼吸**（⇒ p.37）にかかわる細胞小器官です。独立した二重膜に包まれており，マトリックスには DNA が存在しています。

ミトコンドリアを電子顕微鏡で観察すると，
糸状または粒状に見えます。

「ミトコンドリア」にも語源はあるんですか？

「mitos-」は糸状という意味，
「khondros」は粒状という意味です。

❺ 葉緑体

葉緑体は植物や藻類がもち，**光合成**（⇒ p.44）を行い，光エネルギーを用いて二酸化炭素から有機物を合成します。ミトコンドリアと同様に独立した二重膜に包まれており，DNA をもっているので，シアノバクテリアの共生によって生じたと考えられています。

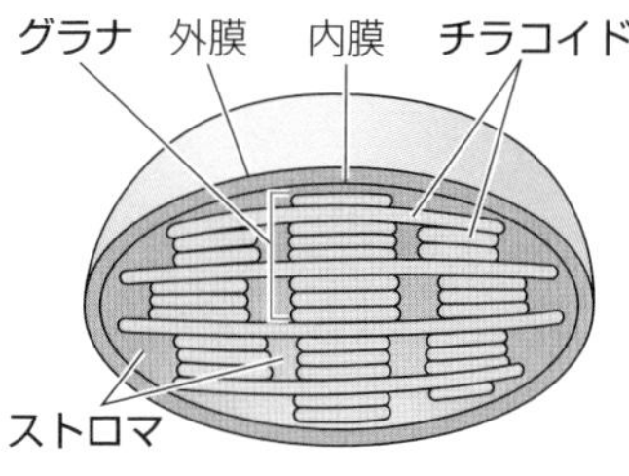

❻ 液胞

次は**液胞**です。動物細胞にもありますが発達せず，特に植物細胞で発達します。液胞内の液体は**細胞液**とよばれ，水，老廃物，イオン，有機物のほか，**アントシアン**という色素を含むこともあります。

❼ 細胞壁

すべての細胞は**細胞膜**（⇒ p.12）で包まれていますが，植物細胞などでは細胞膜の外側に**細胞壁**をもっています。植物の細胞壁は**セルロース**と**ペクチン**が主成分です！　細胞壁は細胞を保護したり，細胞の形を保持したりしています。

2 生体膜の構造

ところで，細胞膜って何からできていると思いますか？

えっ？　膜だから……，え〜っと……，何でできているんでしょう？

細胞膜の主成分は，脂質なんですよ。食事で摂取した脂質が，細胞膜の材料になるんですね！

❶ 流動モザイクモデル

細胞膜のほかに，葉緑体やリボソームの膜なども合わせて**生体膜**といいます。生体膜は基本的に同じ構造をしていて，主成分は**リン脂質**という物質です。

リン脂質は親水性（←水になじむ）の部分と疎水性（←水になじまない）の部分をもつ物質で，右の図のように疎水性の部分を向かい合わせた二重層構造をとっています。

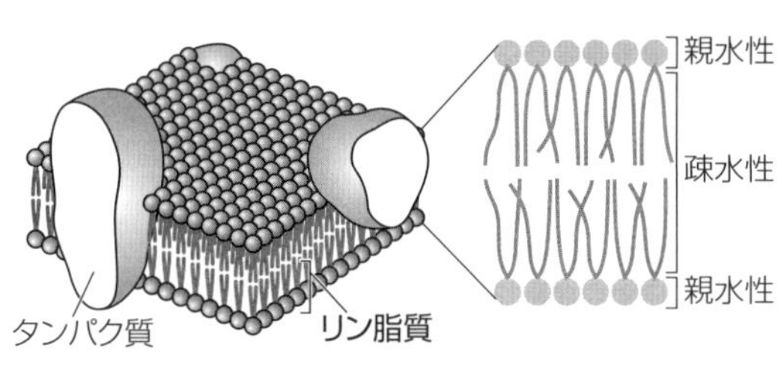

親水性の部分の「水と接したい」気持ちと，疎水性の部分の「水と接したくない」気持ちの両方を満たす理に適った構造ですね。

実際の生体膜はリン脂質100％ではありません。リン脂質の二重層にタンパク質が含まれており，これが細胞膜の中を比較的自由に動き回っています（上の図）。このような生体膜の構造を**流動モザイクモデル**といいます。

❷ 細胞膜における輸送

細胞膜には通しやすい物質と通しにくい物質があり，この性質を**選択的透過性**(せんたくてきとうかせい)といいます。リン脂質二重層の通りやすさについては，小さい物質ほど通りやすく，水に溶けにくい（←脂質に溶けやすい）物質ほど通りやすいという特徴があります。

イオンとか親水性の物質（グルコース，スクロースなど）はリン脂質二重層を通りにくいんです。

イオンや親水性の物質を通したい場合には，輸送タンパク質が必要になります。輸送タンパク質には**チャネル**と**輸送体**があります。チャネルは特定のイオンなどを通す管状のタンパク質で，条件によって開閉するものもあります。Na^+を**受動輸送**(じゅどうゆそう)（←濃い側から薄い側への移動）させる**ナトリウムチャネル**，水を通すチャネルである**アクアポリン**などが有名ですね。

「aqua」は水っていう意味ですね！

グルコースやアミノ酸などは輸送体によって膜を通ります。グルコースはグルコース輸送体によって受動輸送で細胞膜を通ります。

輸送体にはエネルギーを消費して**能動輸送**(のうどうゆそう)（←濃度差に逆らった輸送）ができるものがあり，**ポンプ**といいます。**ナトリウムポンプ**が代表例ですね。細胞内のATPを分解して得られるエネルギーでNa^+を細胞外へ，K^+を細胞内へと能動輸送するポンプです！

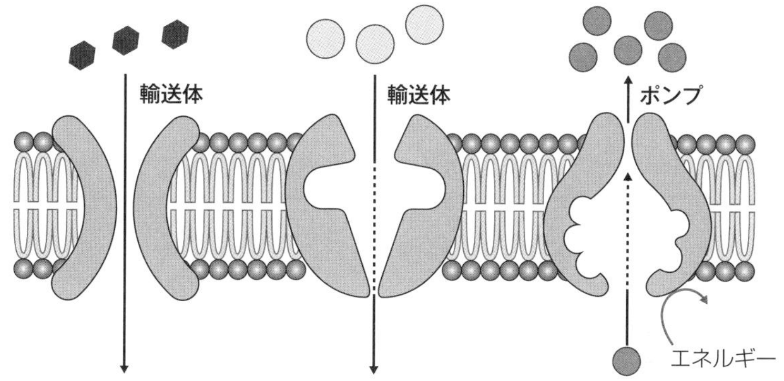

4 生物はどんな物質からできているのか

1 生物を構成する物質

好きな食べ物は何ですか？

焼肉ですっ！

動物の細胞を食べるんですね！
ということは，主にタンパク質を摂取しているってことです！

焼肉の魅力がまったく伝わらない言い方ですね……

細胞にはどんな物質が含まれているのでしょう？　さすがに，一番多く含まれている物質が水ということは，直感的にもわかるかと思います。では，水の次に多い物質は？

下のグラフからわかるとおり，一般に，水の次に多い物質は動物細胞では**タンパク質**，植物細胞では**炭水化物**（たんすいかぶつ）です。お肉や魚は「タンパク質」っていうイメージがありますよね。植物細胞には炭水化物である**セルロース**を主成分とした**細胞壁**があったり，細胞内にデンプンなどを蓄えたり……，炭水化物が多いイメージですね！

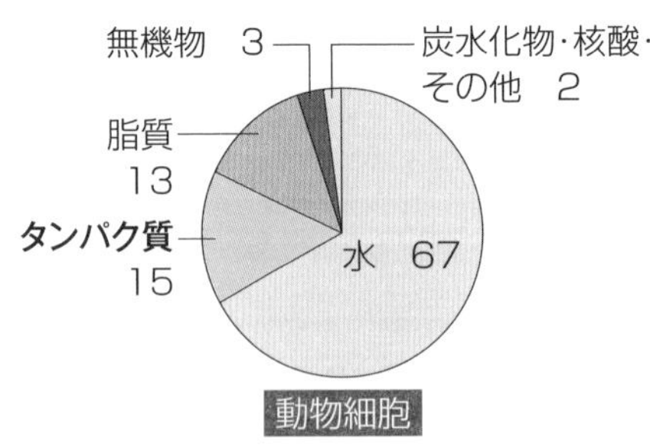

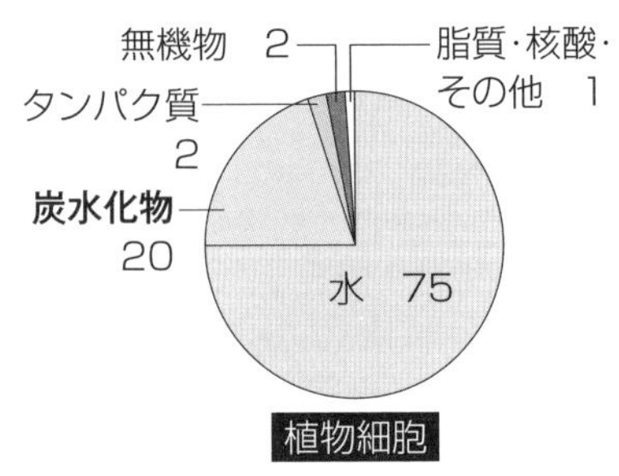

生物体を構成する物質

❶ 水

水はさまざまな物質を溶かすことができます。水に溶けた物質どうしや物質と酵素が出合うことで化学反応が起こるので，「水は化学反応の場としてはたらく」といわれます。また，水は比熱(ひねつ)が大きい（←温度が変わりにくい）ので，細胞の温度を一定に保つ役割も担っています。

❷ タンパク質

タンパク質は多数の**アミノ酸**が鎖状に繋(つな)がって複雑な立体構造をとっている物質です。酵素，抗体，ホルモンなどの主成分となり，非常に重要なはたらきをしています。タンパク質の構造や性質については，このあと学びます。

❸ 炭水化物

炭水化物は細胞においてエネルギー源としてつかわれます。また，炭水化物の一種である**セルロース**は植物細胞の細胞壁の主成分（⇒ p.12）です。だから，植物細胞では炭水化物が多く存在するんですね！　最も単純な炭水化物は**単糖**で，グルコースやフルクトースなどがあります。単糖が2つ繋がったものが**二糖**で，スクロースやマルトース，ラクトースなどがあります。単糖が多数繋がったものが**多糖**で，セルロースやデンプン，**グリコーゲン**などがあります。

「-ose」は炭水化物（＝糖）という意味ですよ！
グルコース，セルロース，リボース，フルクトース……

❹ 核酸

核酸にはDNAとRNAがあり，いずれも**ヌクレオチド**という基本単位が繋がった物質です。これは25・26ページで詳しく学ぶことにしましょう！

2　タンパク質

好きな食べ物は？

卵の白身ですっ！

マジですか？　日本語のタンパク質の語源は卵白（らんぱく）。卵白の主成分は**アルブミン**！　アルブミンの語源は卵白（= albumen）……ブツブツ……

先生，独り言が多いですね。

タンパク質はアミノ酸という物質が鎖状に繋がった物質です。まず，アミノ酸とは何かを学びましょう！

アミノ酸（右の図）は炭素原子に**アミノ基**（$-NH_2$）と**カルボキシ基**（−COOH），水素原子（H）が結合し，残りの１か所に**側鎖**という原子団が結合しています（側鎖は−Rと表記します）。自然界にはものすごく多くの種類のアミノ酸がありますが，タンパク質の合成につかわれるアミノ酸は20種類だけなんです！

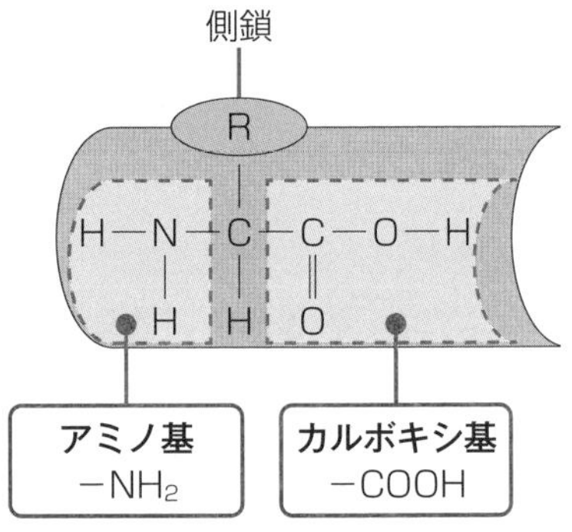

メチオニンとシステインというアミノ酸は側鎖に硫黄原子（S）が含まれます！

❶　タンパク質の一次構造

アミノ酸どうしは，一方のアミノ酸のカルボキシ基と他方のアミノ酸のアミノ基から水分子が取れて結合します。この結合を**ペプチド結合**といいます（右の図）。

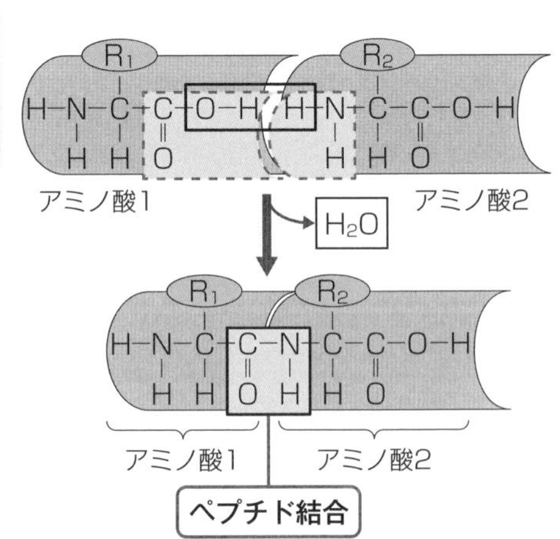

多数のアミノ酸がペプチド結合で繋(つな)がったものを**ポリペプチド**といいます(下の図)。ポリペプチドにおいて，アミノ酸の繋がっている順番のことを**一次構造**といいます。

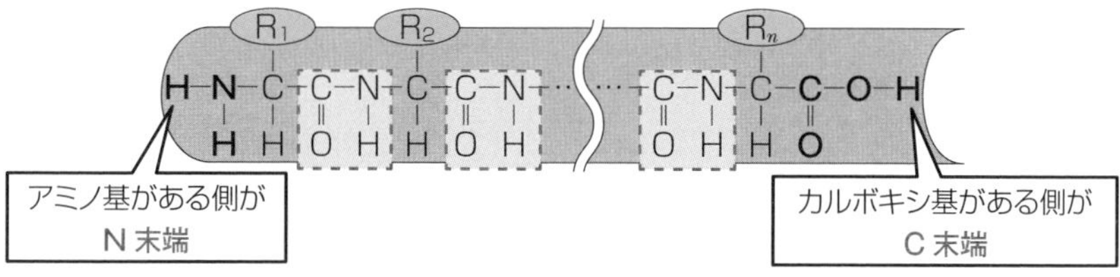

❷ タンパク質の立体構造

タンパク質をよ〜く見ると，ポリペプチドが部分的に規則的な立体構造をとっています。このような部分的に規則的な立体構造を**二次構造**といいます。主な二次構造にはらせん状の**αヘリックス構造**，ジグザグシート状の**βシート構造**があります。

二次構造をもつポリペプチドがさらに折りたたまれて，複雑な立体構造をとります。この分子全体の立体構造を**三次構造**といいます(右の図)。

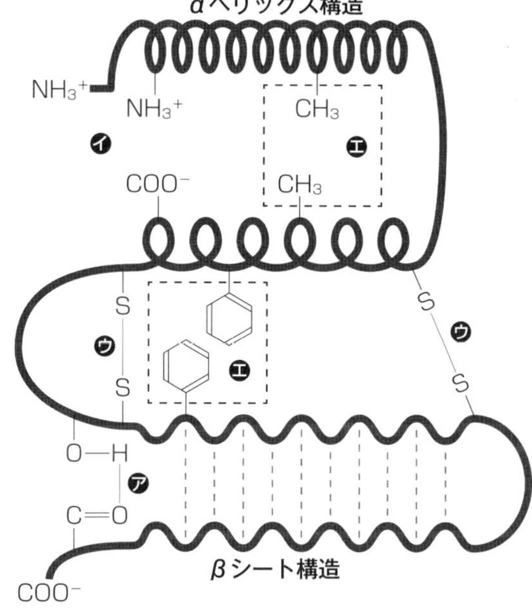

そして……，タンパク質には複数本のポリペプチドが組み合わさったものがあり，このような構造を**四次構造**といいます。

四次構造をとるタンパク質としては，ヘモグロビン，コラーゲン，抗体などがありますよ。

❸ タンパク質の変性と失活

タンパク質は分子全体として非常に複雑な立体構造をとります。そして，立体構造が正しくつくれなかったり，立体構造が壊れてしまったりすると，タンパク質ははたらけなくなります。

通常，60℃を超える温度になるとタンパク質は立体構造が変化して（←これを**変性**という），はたらきを失います（←これを**失活**という）。

卵白を加熱すると白く固まるのも，タンパク質の変性ですよ。

また，極端なpHの変化に対してもタンパク質は変性してしまいます。

❹ シャペロン

タンパク質の立体構造をつくるのは大変！　放っておいてもなかなかうまくはつくれません。じつは，**シャペロン**というタンパク質が立体構造をつくるのを補助していて，このお陰できちんとした立体構造をつくれるんです。シャペロンは補助以外にも変性したタンパク質をもとの正しい立体構造に戻すはたらきもしていて，とっても大事なタンパク質なんです！

5 タンパク質と核酸の構造

DNA はデオキシリボ核酸！

核酸は酸なので，acid（酸）の「A」ですね？

語源ワールドへようこそ♪　「核」は英語で？

核……，もしかして，原子核と同じで，nucleus で「N」ですね。

❶ ヌクレオチド

そのとおり！　**DNA** は deoxyribonucleic acid，日本語で**デオキシリボ核酸**です。核酸は，ヌクレオチドとよばれる基本単位が多数繋（つな）がった物質で，DNA のほかに **RNA**（ribonucleic acid，**リボ核酸**）があります。

核酸を構成するヌクレオチドは右の図のように，糖と塩基が結合したヌクレオシドにリン酸が1つ結合したものです。DNA は糖が**デオキシリボース**で，塩基は A・**T**・G・C のうちの1つをもっています。RNA は糖が**リボース**で，塩基は A・**U**・G・C のうちの1つをもっています（下の図）。

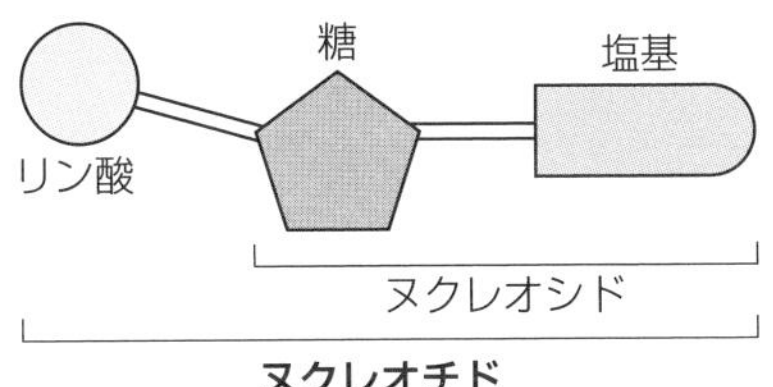

ヌクレオチド

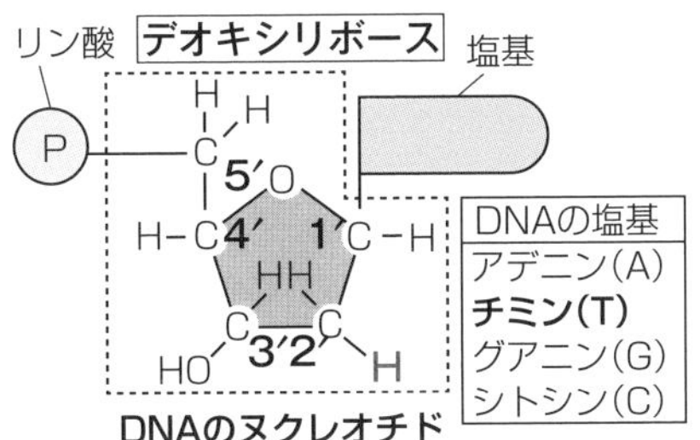

DNAのヌクレオチド

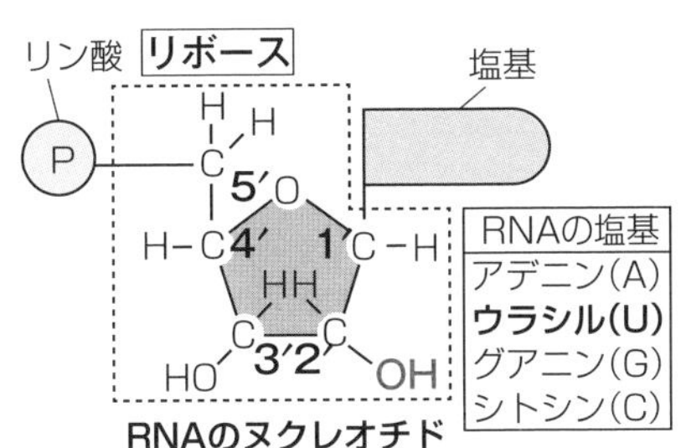

RNAのヌクレオチド

de- は「除去」，oxy は「酸素」です。デオキシリボースはリボースから１つ酸素原子を除去したものです！

❷ DNA の構造

DNA の塩基どうしの結合は，A と T，G と C と決まっており，A と T は2本，G と C は3本の**水素結合**をつくって結合します！　よって，一方の鎖の塩基配列がわかれば，他方の塩基配列も自動的に決まる。こういう関係を「**相補的**」といいます。

ヌクレオチド鎖は，ヌクレオチドが繋がったもので，リン酸と糖が交互に繋がっています。ヌクレオチド鎖のリン酸で終わる末端を**5′末端**，反対側の糖で終わる末端を**3′末端**といいます。

ヌクレオチド鎖どうしは塩基間の水素結合で結合しますが，このとき鎖どうしは逆向きになるんです（下の左図）。

そして，DNA の場合，結合した2本鎖は互いにらせん状に絡み合っています（下の右図）。この構造を**二重らせん構造**といい，DNA がこのような二重らせん構造をとることを発表したのが，ワトソンとクリックです。

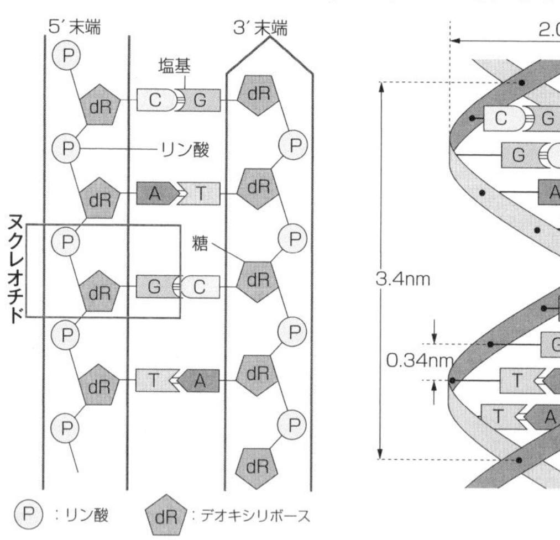

❸ RNA

RNA は通常は1本のヌクレオチド鎖です。RNA にはいろいろな種類があり，**mRNA（伝令 RNA）**のほかにリボソームを構成する **rRNA（リボソーム RNA）**，リボソームにアミノ酸を運ぶ **tRNA（転移 RNA）**などがあります。

第 2 章

代謝

～ 40 歳を超えると代謝が低下してくる !? ～

『代謝』という言葉を日常生活で耳にするシチュエーションといえば，健康診断のときでしょうか？

「いやぁ，代謝が下がってきて，お腹の肉が……」などなど。

そもそも，代謝は生物が行う化学反応という意味なんです。たとえば，植物が行う光合成も代謝です。ヒトが細胞で行っている呼吸も代謝ですし，ヨーグルトをつくるさいの乳酸菌が行う乳酸発酵も代謝です！

ところで，生物の細胞の中ってもちろん常温・常圧です。200℃とか，100 気圧とかでは死んでしまいます。常温・常圧という化学反応が起こりにくい環境で，複雑な代謝を秩序立てて，スムーズにシッカリと行っているんです，すごいですよね！

その理由の 1 つが，代謝の多くが酵素という触媒によって進められていることにあります。『酵素』という言葉もよく耳にしますね。酵素はタンパク質でできている触媒なんです。たとえば，酵素の入った洗濯用洗剤は，衣服についてしまったタンパク質や脂肪を酵素によって分解して綺麗にしてくれるんですね。何やら，酵素というものがスゴイ能力をもっているようです。

第 2 章では，酵素のスゴさを感じつつ，具体的な代謝を眺めていこうと思います。化学っぽくてややこしい内容も含まれますが，大雑把に全体の雰囲気をつかんでいただければ，大人の教養としては十分です。それと同時に**「今の高校生はこんなに難しいことを学んでいるのかぁ！」**と感心されることと思います。

第２章　代謝

代謝の基本イメージ

❶　代謝とエネルギーの出入り

「イカはどうか？」
と覚えるのさ！

生物が行う化学反応全般を**代謝**といいます。代謝のうちで複雑な物質を単純な物質に分解してエネルギーを取り出す過程を**異化**，これとは逆にエネルギーを取り込んで単純な物質から複雑な物質を合成する過程を**同化**といいます。どんな生物も異化と同化の両方を行っています。**呼吸**は異化の代表例，**光合成**は同化の代表例です。

異化と同化は次の図のようなイメージです。

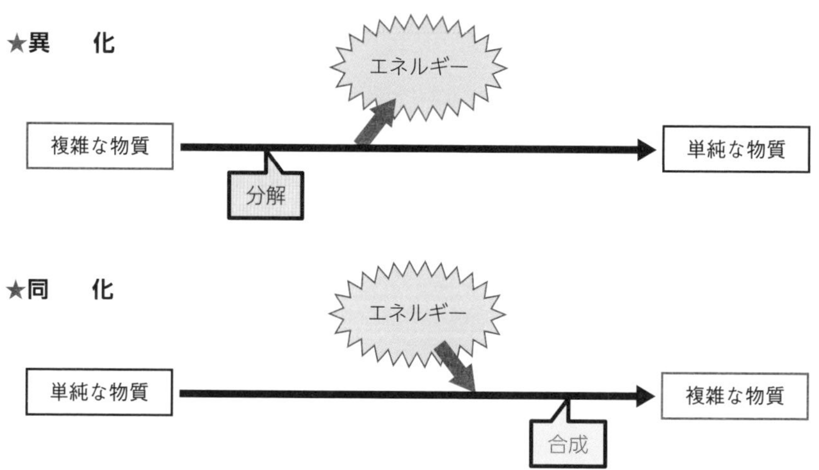

光合成をする植物やシアノバクテリアのように，外界から取り入れた無機物から有機物を合成して生活できる生物を**独立栄養生物**といいます。これに対して，動物や菌類のように，無機物のみから有機物をつくれない生物を**従属栄養生物**といいます。これらの生物は食物として有機物をとるしかありません。

❷ ATP

ATP は**アデノシン三リン酸**という物質です。すべての生物で，代謝にともなうエネルギーの受け渡しを ATP が行っています！

これから「光合成」や「呼吸」を学んでいくなかで，ATP がエネルギーの受け渡しの仲立ちをしているイメージがつかめます！

ATP は**塩基**（えんき）の一種である**アデニン**と**リボース**が結合した**アデノシン**に，3個のリン酸が結合した化合物です。

語尾が「-ose」ですから，リボースは糖ですね！

リン酸どうしの結合は**高エネルギーリン酸結合**とよばれ，切れるときにエネルギーが大量に「ぶわっ」と出ます。生物は，ATP の末端のリン酸が切り離されて，**ADP**（アデノシン二リン酸）となるときに放出されるエネルギーをさまざまな生命活動につかいます！　下の図からもわかるとおり，ATP はつかい捨ての物質ではありません！　エネルギーを吸収することで ADP とリン酸から ATP を再合成することができます。充電式の電池みたいなイメージですね。

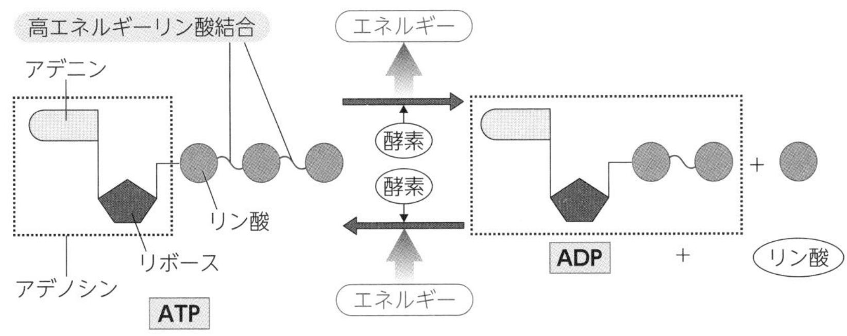

ATP のように，塩基，糖，リン酸が結合した物質を**ヌクレオチド**といいます。ATP の糖はリボースですから……，**RNA** と同じですね。

❸ 代謝と酵素

円滑に代謝ができるのは，酵素のおかげ♥

酵素(こうそ)は，主にタンパク質でできており，**触媒**(しょくばい)としてはたらきます。触媒というのは化学反応をスピードアップさせる物質のことです。

過酸化水素（H_2O_2）を溶かした溶液（←オキシドール）を室内に放置すると，非常〜にゆっくりと分解しますが，傷口につけると勢いよく気泡が生じます。これは細胞内にある**カタラーゼ**という酵素のおかげなんです！

たしか中学生のときに二酸化マンガンを使って
過酸化水素水から酸素を発生させる実験をしたような……。

そうそう！　それと同じで，「$2H_2O_2 \longrightarrow 2H_2O + O_2$」という反応ですよ。だから，傷口から生じる気泡は酸素ですね。じつは過酸化水素は危ない物質で，細胞内では「カタラーゼのおかげで分解できて一安心♥」っという感じなんですよ。

酵素のなかには**消化酵素**や**リゾチーム**（⇒ p.135）のように細胞外に分泌されてはたらくものもありますが，多くは細胞内ではたらきます。呼吸に関する酵素はミトコンドリアに，光合成に関する酵素は葉緑体に……，というように，酵素は細胞内の特定の場所に存在しています。

実際に酵素がはたらいているようすは，こんなイメージです!!

一般に，代謝は何段階もの反応が連続して進んでいます。酵素は触媒できる反応が決まっているので，一連の各反応にはそれぞれ別の酵素がかかわります。たとえば，下の図のような4段階の反応があったとすると……，酵素が4種類必要になります。

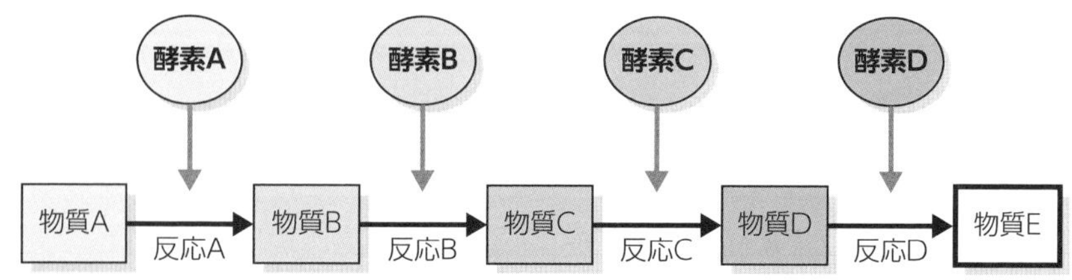

❹ 光合成

「光合成」って，どんなイメージですか？

「光をつかう」，「酸素を出す」……，「私は光合成できません」。

光合成とは，「光エネルギーを利用して ATP をつくり，その ATP を利用して二酸化炭素から有機物を合成すること」といった感じです。真核生物の藻類や植物では，光合成は葉緑体で行っていますね。図にすると下のようなイメージになります。光エネルギーから ATP をつくっているところがポイントです！

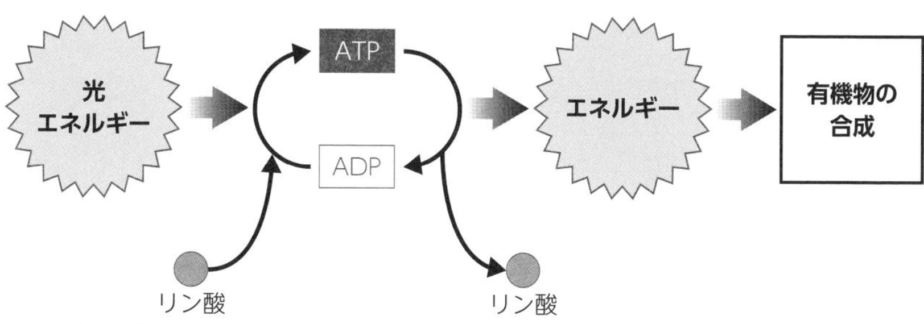

式にまとめるとこんな感じ！

水 ＋ 二酸化炭素 ＋ 光エネルギー ⟶ 有機物 ＋ 酸素

❺ 呼吸

次に，「呼吸」とはどんなイメージでしょう？

スーハー，スーハー……，深呼吸のイメージです！

たしかに，ふつう「呼吸」といえばそういうイメージですね。そのスーハー，スーハー……っていうのは，細胞で行われている呼吸の結果といえるんです。ここで学ぶのは細胞で行われている呼吸です。

呼吸は，細胞のなかでグルコースなどの炭水化物，タンパク質，脂肪といった有機物を酸素を用いて分解して，放出されるエネルギーを利用してATPをつくるはたらきです。まさに異化のイメージそのものですね。呼吸で重要な役割を担う細胞小器官は……？

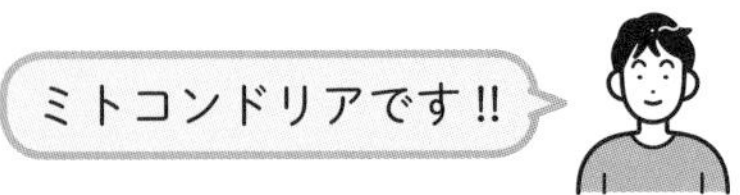

そのとおり！　図にすると下のようなイメージです。

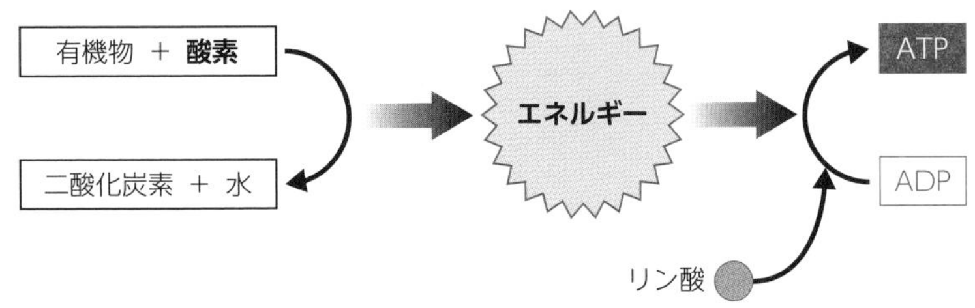

式にするとこんな感じ！

有機物 ＋ 酸素 ⟶ 二酸化炭素 ＋ 水 ＋ エネルギー（ATP）

この式を見ると，中学で習った燃焼の反応式と似ていませんか？　たしかに，式だけを見れば燃焼と同じなんですが……。燃焼は反応が急激に起こり，出てきたエネルギーの大部分が熱や光になってしまいます。一方，呼吸は酵素によって何段階もの反応がコツコツと進められて，出てきたエネルギーをATPの合成につかいます。

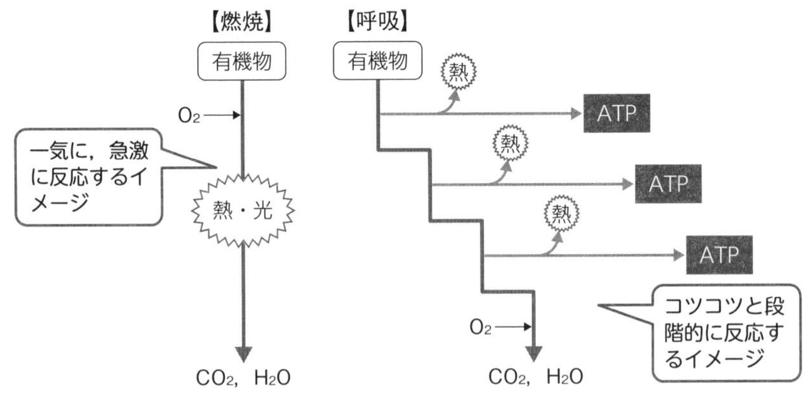

2 酵素について

酵素の主成分はタンパク質です。

酵素って，食べられますか？

酵素はタンパク質なので，基本的には分解されてアミノ酸として吸収されますよ。

たしかに，植物の酵素なんかがそのまま取り込まれて体内ではたらいたら怖いですもんね。

❶ 酵素の基質特異性

酵素はタンパク質でできた触媒(しょくばい)で，化学反応をスピードアップしてくれます。酵素が作用する物質は**基質**(きしつ)といいます。酵素には**活性部位**(かっせいぶい)という部分があり，ここに基質を特異的に結合させて**酵素 - 基質複合体**(こうそ きしつふくごうたい)となり，基質に作用します。活性部位の構造は非常に複雑で，酵素ごとに特定の基質としか結合できません。よって，酵素が作用する物質は決まっており，この性質を**基質特異性**(きしつとくいせい)といいます。

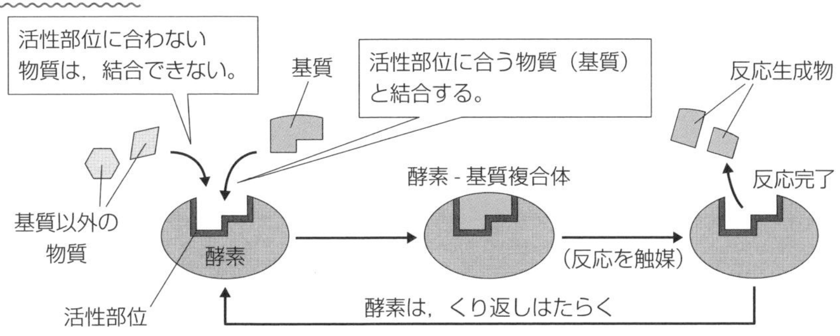

まず，4種類の酵素を紹介します！

① **カタラーゼ**：「$2H_2O_2 \rightarrow 2H_2O + O_2$」の反応を触媒する。
② **アミラーゼ**：「デンプンの加水分解」を触媒する。
③ **ペプシン**　：「タンパク質の加水分解」を触媒する。
④ **トリプシン**：「タンパク質の加水分解」を触媒する。

これらはどれも私たちヒトがもっている酵素で，37℃の体温程度の温度で最もよくはたらきます。また，酵素には最もよくはたらく pH があります。カタラーゼやだ液に含まれるアミラーゼは中性の pH7，**胃液**（←塩酸が含まれる）に含まれるペプシンは強酸性の pH2，**すい液**（←炭酸水素イオンが含まれる）に含まれるトリプシンは弱塩基性の pH8が最適 pH です。

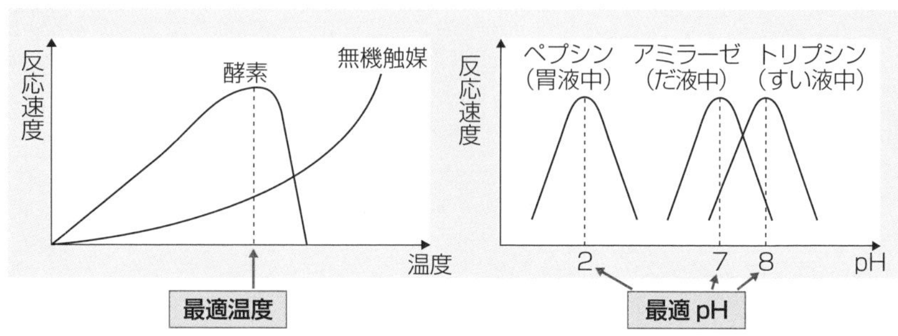

❷ 反応速度と基質濃度

反応速度と基質濃度との間には下の図のような関係があります。基質濃度が低いときには，基質濃度を高めていくにつれて酵素と基質が出合いやすくなり反応速度が上昇します。しかし，基質濃度が十分に高くなり，すべての酵素が基質と結合した飽和状態になると，基質濃度をそれ以上に高めても反応速度は上昇しなくなります。なお，用いる酵素の量を半分にして反応速度を測定すると，破線のように反応速度は基質濃度によらず半分になります。

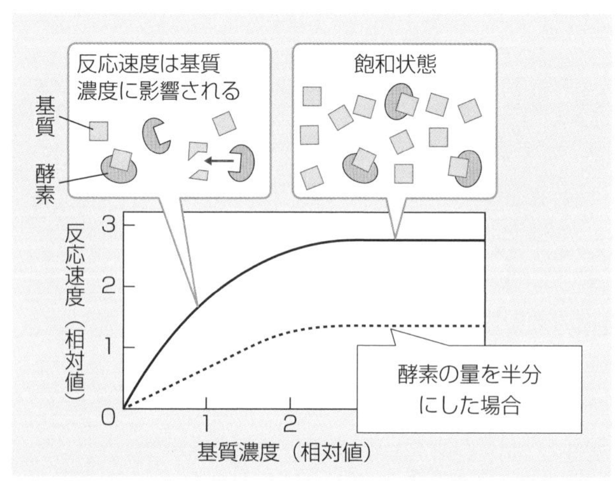

❸ 補助因子

酵素のなかには「自分一人でははたらけないヤツ」がいます。こういう酵素には，**補助因子**という酵素のはたらきを助けてくれる物質が必要です。補助因子には金属イオンや**補酵素**があります。

補酵素は低分子の有機物で，酵素本体のタンパク質と弱く結合しています。補助因子が必要な酵素は，アポ酵素とよばれます。また，補酵素は比較的熱に強い性質をもっています。補酵素は右の図のように活性部位に結合し，基質が活性部位にうまく結合できるようにしてくれるイメージです！

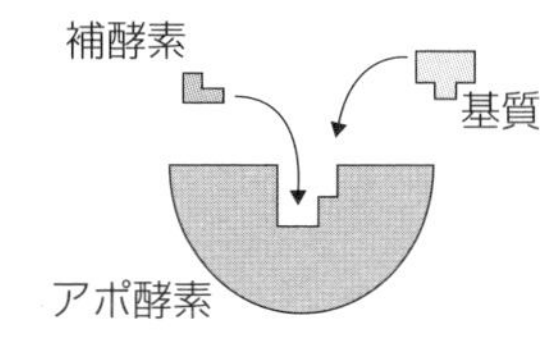

酵素は英語で enzyme，補酵素は coenzyme ！
「co-」は一緒にいるイメージですね。

❹ 競争的阻害

酵素反応において，基質とよく似た立体構造をもつ物質が存在すると酵素反応が妨げられてしまう場合があります。基質とよく似た物質が活性部位にハマっちゃうんですね。基質と活性部位を奪い合っている関係なので，このような酵素活性の阻害を**競争的阻害**，競争的阻害を引き起こす物質を**競争的阻害剤**（**競争的阻害物質**）といいます。

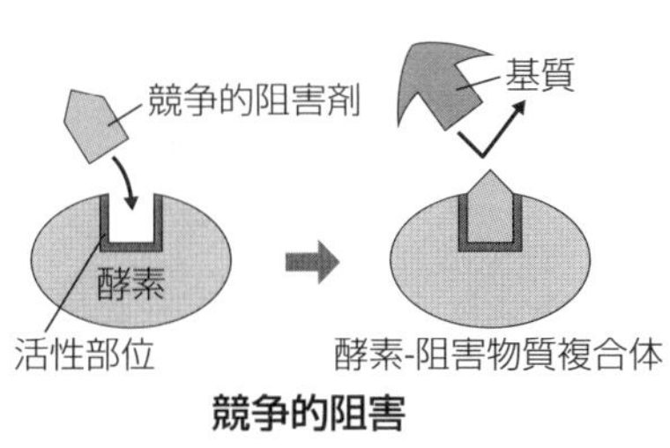

競争的阻害

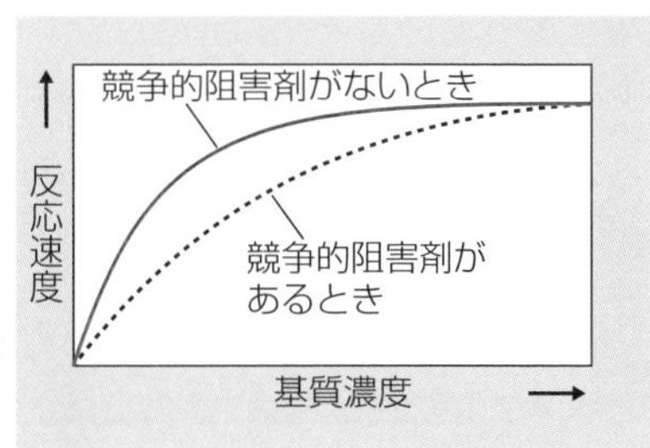

競争的阻害剤があるときと競争的阻害剤がないときの反応速度を比べたグラフが右上の図です。基質濃度をメッチャ高くすると，競争的阻害剤の影響がなくなっているところがポイント！　基質のほうが圧倒的に多くなれば，競争的阻害剤が活性部位にほとんど結合できなくなりますからね♪

❺ アロステリック酵素

酵素には，活性部位とは別の部位に特定の調節物質が結合することで活性が変化するものがあり，**アロステリック酵素**(こうそ)といいます。アロステリック酵素の調節物質が結合する部位は**アロステリック部位**といいます。アロステリック酵素の調節物質には酵素活性を高めるものと低下させるものがあります。

アロステリック酵素の基質濃度と反応速度との関係は，右の図のようにS字形のグラフになることが多いです。

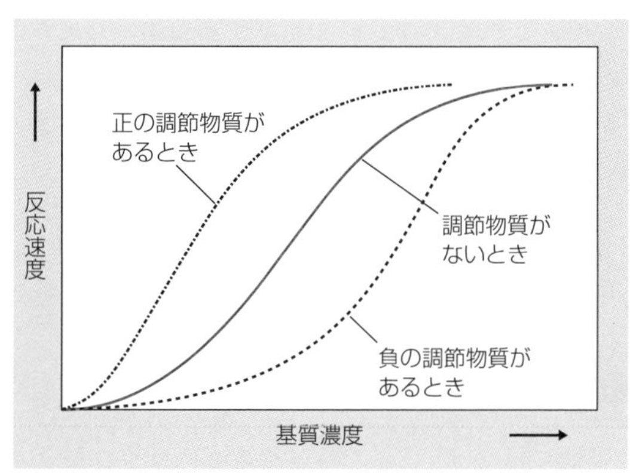

❻ フィードバック調節

酵素による反応は「物質A→物質B」のような単発の反応ではなく，下の図のように，酵素Aによる生成物が次の酵素Bの基質になり……，というように連鎖的な反応を複数の酵素が協力して進めていることが多いんです！

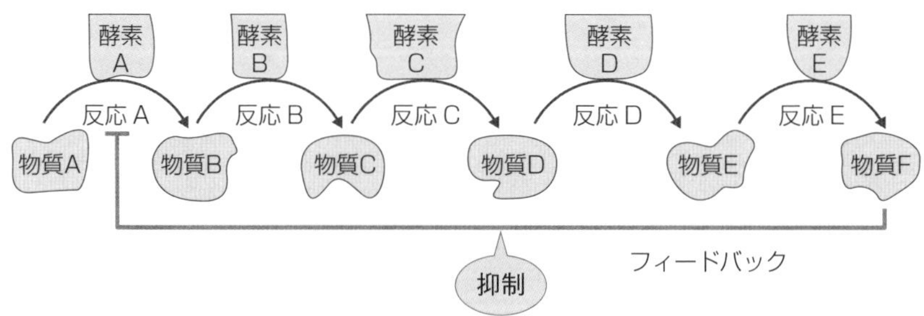

この図で考えてみましょう！　物質Fはこの一連の反応の最終産物です。この物質Fがドンドンとつくられ，蓄積していくと……，物質Fが酵素Aなどの前半の反応の酵素のはたらきを抑制します。このような調節を**フィードバック調節**といいます。フィードバック調節で，活性を調節される酵素はアロステリック酵素であることが多いんですよ。

3 呼吸と発酵

発酵(はっこう)は人類に欠かせないものですね！

チーズ，納豆！

醤油(しょうゆ)，ヨーグルト……，そして，何よりお酒です♥

そのしくみを学ぶんですね♪

❶ 呼吸

呼吸には酸素が必要です。酸素をつかってグルコースなどの有機物を二酸化炭素と水に分解する過程でATPをつくります。酸素をつかって……，というのが燃焼の反応と似ていました（⇒ p.32）。

呼吸の反応は大きく分けると**解糖系**(かいとうけい)，**クエン酸回路**(さんかいろ)，**電子伝達系**(でんしでんたつけい)という3つの過程からなります。解糖系は細胞質基質で，クエン酸回路と電子伝達系はミトコンドリアで行われます。

❷ 発酵

発酵(はっこう)は酸素をつかいません。発酵では，酸素をつかわずに有機物を分解してATPを合成するんです！　反応はすべて細胞質基質で行われます！

乳酸菌(にゅうさんきん)は**グルコース**（$C_6H_{12}O_6$）を**乳酸**（$C_3H_6O_3$）に分解する過程でATPを合成します。この反応を**乳酸発酵**(にゅうさんはっこう)（⇒ p.38）といいます。この発酵を利用してヨーグルトをつくったり，漬物をつくったりしていますね。

乳酸発酵の反応式

$$C_6H_{12}O_6 \longrightarrow 2C_3H_6O_3 \quad (+ \quad 2ATP)$$

グルコース　　乳酸　　エネルギー

酵母は，グルコースを**エタノール**（C_2H_5OH）と二酸化炭素に分解する過程で ATP を合成します。この反応を**アルコール発酵**といいます。この発酵を利用してお酒をつくったり，発生する二酸化炭素によってパンを膨らませたりしているのです！

アルコール発酵の反応式

$$C_6H_{12}O_6 \longrightarrow 2CO_2 + 2C_2H_5OH \quad (+ \quad 2ATP)$$

グルコース　二酸化炭素　エタノール　エネルギー

酵素には低分子物質に助けてもらわないとはたらけないモノがいましたよね？

補酵素が必要な酵素ですね。

そのとおり！　呼吸や発酵では補酵素のはたらきを理解することがすごく大事ですよ。

呼吸と発酵では，圧倒的に発酵のほうがシンプルです。シンプルな発酵について詳しく見てみましょう！

❸　乳酸発酵

まず，乳酸発酵から。乳酸発酵の流れを模式図にするとこんな感じです！

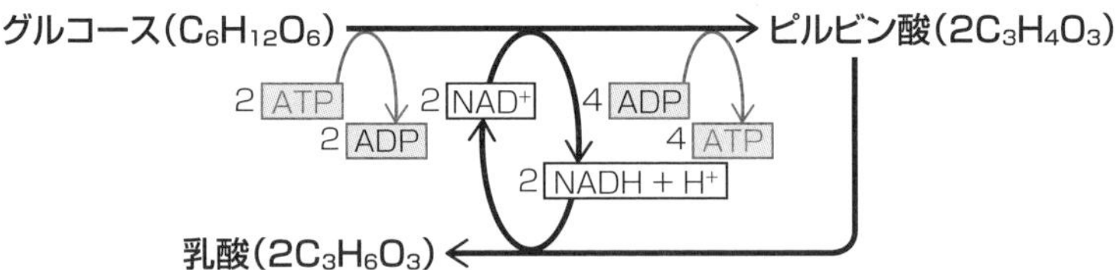

乳酸菌はグルコースを取り込むと，これを何段階もの反応を経て**ピルビン酸**（$C_3H_4O_3$）にします。この反応系を**解糖系**といいます。解糖系で，1分子のグルコース（$C_6H_{12}O_6$）が解糖系を進み2分子のピルビン酸になると……，その過程で水素原子（H）が4つ減っていますね？

解糖系では脱水素酵素がはたらくんです。そして，解糖系ではたらく脱水素酵素には **NAD$^+$** という **補酵素**（⇒ p.35）が必要です。この NAD$^+$ は，脱水素酵素の反応で生じる H$^+$ と電子（e$^-$）を受け取り，NADH になります（下の図）。

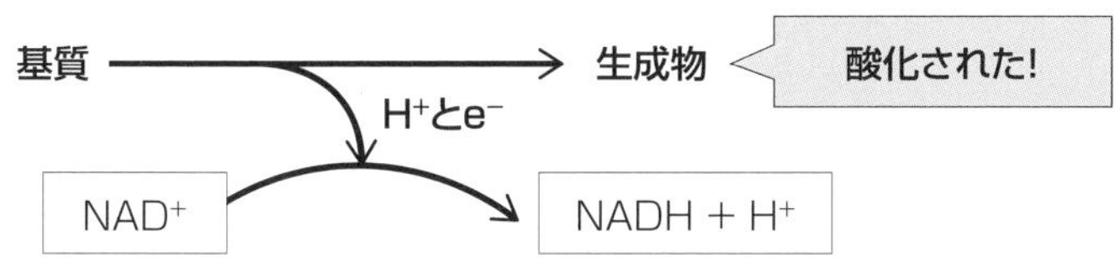

水素や電子を失うことを **酸化**，水素や電子を受け取ることを **還元** といいます。ですから，この反応は「NAD$^+$ が還元されて NADH になる」ということもできます！

解糖系では最初にグルコース1分子あたり2分子の ATP を消費していますが，後半で4分子の ATP が生じていますね。よって，差し引きで2分子の ATP をゲットしたことになります！

ATP はゲットできましたが，ピルビン酸で反応をやめるわけにはいかないんです！　補酵素の NAD$^+$ が NADH になっていますね？　このままでは，解糖系で必要な NAD$^+$ が不足して，解糖系が止まってしまいます。NADH を酸化して NAD$^+$ に戻してあげなければっ!!　そこで，乳酸菌はピルビン酸から乳酸（$C_3H_6O_3$）をつくる過程で NADH を NAD$^+$ に戻しているんです。

なお，激しい運動をしている筋肉などは，乳酸発酵と同じ反応で ATP をつくることができます。動物がこの反応を行う場合には乳酸発酵ではなく，**解糖**（かいとう）といいます。

念のため，乳酸発酵（および解糖）の反応式を再掲載しておきます！

乳酸発酵の反応式

$$C_6H_{12}O_6 \longrightarrow 2C_3H_6O_3 \quad (+ \quad 2ATP)$$

グルコース　　乳酸　　エネルギー

❹ アルコール発酵

続いて，アルコール発酵です！　アルコール発酵の流れを模式図にするとこんな感じです！

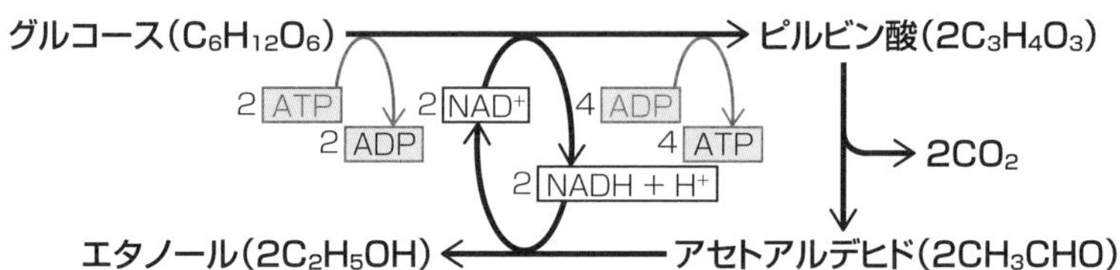

解糖系は乳酸発酵と共通です。酵母はピルビン酸を**アセトアルデヒド**（CH_3CHO）に変え，さらにアセトアルデヒドをエタノール（C_2H_5OH）にするさいに NADH を NAD^+に戻しているんですね！

ピルビン酸からアセトアルデヒドを生じる過程では二酸化炭素が発生します（パン屋さんはこの二酸化炭素でパンを膨らませています！）。そして，二酸化炭素を発生する反応を**脱炭酸反応**（だつたんさんはんのう）といいます。

アルコール発酵の反応式も再掲載しておきますね。

アルコール発酵の反応式

$$C_6H_{12}O_6 \longrightarrow 2CO_2 + 2C_2H_5OH \quad (+ \quad 2ATP)$$

グルコース　二酸化炭素　エタノール　エネルギー

さぁ，いよいよ呼吸のしくみを学びましょう！

解説の図を見るだけで「面倒くさい」感じがします。

「楽勝♪」とは言えませんが，大枠を押さえて，重要なポイントをシッカリ納得していけば，必ず「ナルホド！」となるはずです。

❺ 解糖系

グルコースを呼吸基質（←呼吸で分解する有機物）としてつかう呼吸のしくみを学びましょう。まず，グルコースは解糖系でピルビン酸になります。発酵と一緒ですね！

❻ クエン酸回路

呼吸において，解糖系で生じたピルビン酸がミトコンドリアの**マトリックス**に取り込まれ，**クエン酸回路**に入ります。次のページの図を見ながら読み進めてください。マトリックスに入ったピルビン酸は**脱炭酸反応**（←炭素原子を二酸化炭素（CO_2）として取り除く反応）と**脱水素反応**（←H^+と電子（e^-）を失う反応）により**アセチル CoA** となります。ピルビン酸から炭素原子が1個取り除かれているので，アセチル CoA の炭素数は2です！

アセチル CoA は炭素数が4の**オキサロ酢酸**と結合して，**クエン酸**を生じます。4＋2……だから，クエン酸の炭素数は6ですね。生じたクエン酸は，さらに複数回の脱炭酸反応と脱水素反応をしてオキサロ酢酸に戻ります。

呼吸では，酸素を吸って二酸化炭素を出しますね。
その二酸化炭素はクエン酸回路で出てきたものなんですね!!

クエン酸回路ではたらく脱水素酵素も，やはり補酵素が必要です。コハク酸脱水素酵素という酵素だけは補酵素が **FAD** ですが，それ以外の脱水素酵素の補酵素は NAD^+ です。これらは H^+ と電子を受け取って $FADH_2$ や NADH になります。さらに，クエン酸回路では，ピルビン酸1分子につき1分子の ATP がつくられます！　……ということは，クエン酸回路ではグルコース1分子あたり2分子の ATP がつくられるということですね。

クエン酸回路の概略図は下の図です！　脱水素反応が5か所，脱炭酸反応が3か所あるから数えてみてください！

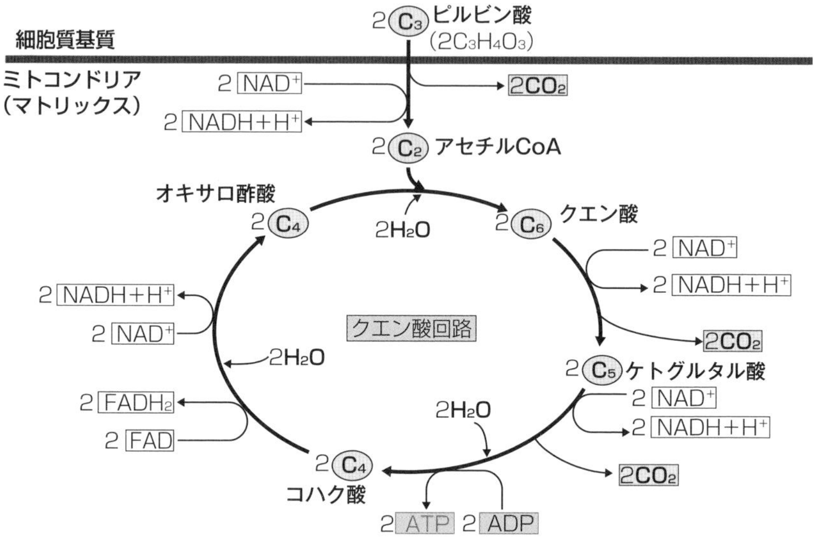

❼ 電子伝達系

解糖系とクエン酸回路でつくられたNADHや$FADH_2$は，ミトコンドリアの内膜にある**電子伝達系**に運ばれます。電子伝達系については，次のページの図を見ながら読み進めてくださいね。これらの補酵素から電子が電子伝達系にわたされ，その電子が内膜に埋め込まれたタンパク質などの間を次々に伝達されていきます。電子が伝達されていくときにエネルギーが放出されます！　このエネルギーをつかって……，何をしましょう??

電子の伝達で生じたエネルギーをつかって，H^+がマトリックス側から**膜間**（←外膜と内膜の間，膜間腔ともいう）の側へと輸送されます。そうすると……，内膜をはさんでH^+の濃度勾配が形成されます。

H^+の濃度について「膜間＞マトリックス」という濃度勾配が形成されていますね！

内膜には，**ATP 合成酵素**が埋め込まれています。このATP合成酵素はH^+を受動輸送させるチャネルとしてはたらきます。よって，H^+が濃度勾配に従って膜間からマトリックスへと流れ込みます。このときATP合成酵素はATPをつくるんですよ！

これがまぁ，すごいんです！　1分子のグルコースを消費したとすると，電子伝達系では最大で34分子ものATPをつくれるんです!!

電子伝達系では，NADHや$FADH_2$の酸化にともないATPが合成されており，このようなATP合成反応は**酸化的リン酸化**といいます。なお，内膜のタンパク質などの間を伝達された電子は最終的にH^+とともに酸素（O_2）に受け取られ，水になります。

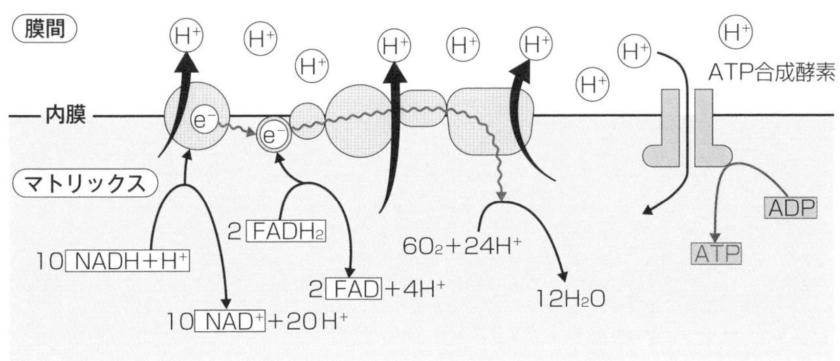

❽ 呼吸全体の反応

それでは，解糖系，クエン酸回路，電子伝達系を合わせて，グルコースをつかった呼吸全体の反応式をまとめてみましょう。

グルコースをつかった呼吸の反応式

$C_6H_{12}O_6$ + $6O_2$ + $6H_2O$ ⟶ $6CO_2$ + $12H_2O$（＋（最大）38ATP）

グルコース　酸素　水　二酸化炭素　水　エネルギー

グルコース以外の有機物も呼吸でつかえるんですよね？

もちろん！　脂肪やタンパク質も呼吸でつかわれるんですよ！

第2章　代謝

光合成

呼吸，発酵ときたら……，続いて光合成です！

クロロフィルって「クロロ」っていうくらいですから，塩化物なんですか？

「クロロ（chloros）」は緑色っていう意味なんです。だから，クロロフィルは塩化物ではないんですよ。

クロロフィルの「フィル」にも意味がありそうです。

するどい！
「フィル（phyllon）」は葉っていう意味ですよ。

光合成では，**光合成色素**が吸収した光エネルギーがつかわれます。光合成色素には**クロロフィル**，**カロテノイド**などがあり，葉緑体のチラコイド膜に存在しています。植物がもつ光合成色素は**クロロフィル a**，**クロロフィル b**，**カロテン**，**キサントフィル**などです。

光合成色素ごとに吸収しやすい光の波長（＝光の色）が違います。光合成色素ごとの光の波長と吸収の関係のグラフを**吸収スペクトル**といいます。

また，光の波長と光合成速度との関係のグラフを**作用スペクトル**といいます。

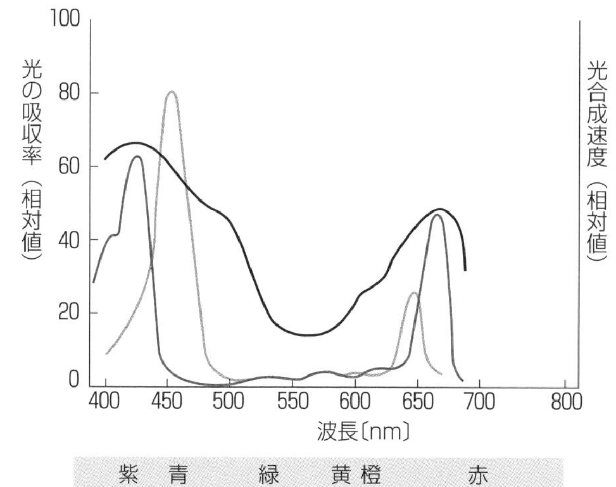

―― クロロフィルaの吸収スペクトル ―― クロロフィルbの吸収スペクトル
―― 光合成の作用スペクトル

吸収スペクトルと作用スペクトル

クロロフィル a もクロロフィル b も緑色光をあまり吸収しないんです。ですから通常，葉は緑色光の多くを反射させるので，緑色に見えるんですよ。

葉が緑色をしているのにもちゃんと意味があったのですね。

光合成色素は，クロマトグラフィーなどによって分離することができます。葉をすりつぶしてからエタノールなどを加えると，光合成色素を抽出（=液体中に溶け出させる）できます。

この抽出液を薄層などに付着させ，展開液に対する溶けやすさの違いなどを利用し，分離させることができます。

光合成はチラコイドでの反応とストロマでの反応に分けられます。

どんな反応なんですか？

チラコイドでの反応は「動きをイメージしながら」，ストロマでの反応は「炭素の数に注目しながら」学ぶのがコツですよ！　がんばりましょう♪

❶ チラコイドでの反応

チラコイド膜には，光合成色素とタンパク質の複合体からなる**光化学系Ⅰ**と**光化学系Ⅱ**という反応系があります。光合成色素が吸収した光エネルギーは，これらの反応系の中心（**反応中心**）にあるクロロフィルに集められると……，クロロフィルから「ポンっ！」と電子（e^-）が飛び出します。この反応は**光化学反応**といいます。

電子を失った光化学系Ⅱのクロロフィルは「H_2O 君，僕に電子をくださいな♪」と，水を分解して電子をもらいます。このときに，酸素が発生するんです！

一方，電子を失った光化学系Ⅰのクロロフィルは，光化学系Ⅱから飛び出して，チラコイド膜にある電子伝達物質を通ってきた電子を受け取ります。

光化学系Ⅰから飛び出した電子はどこへ??

光化学系Ⅰから飛び出した電子は**$NADP^+$**に受け取られます。このとき，$NADP^+$は電子と水素イオン（H^+）を受け取り，**NADPH**となります。

まとめてみましょう！

水の分解で生じた電子は，光化学系Ⅱ，電子伝達物質，光化学系Ⅰを通って，$NADP^+$に渡されるんですね。この電子が流れる反応系の全体を**電子伝達系**といいます（次のページの図）。

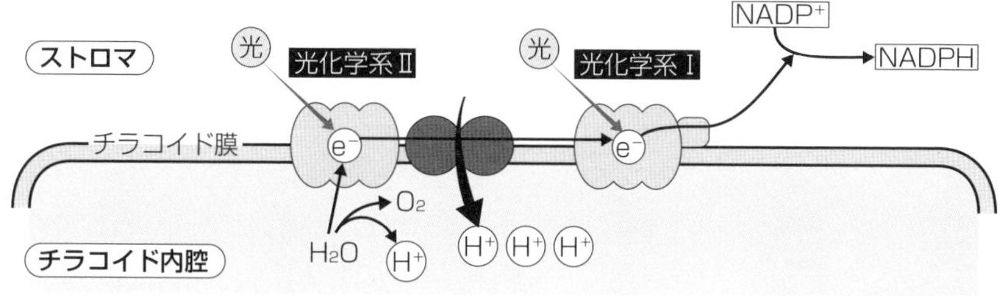

電子が電子伝達系を流れると，H^+がストロマからチラコイド内に輸送され，チラコイド内外でH^+の濃度勾配が生じます。チラコイド膜には**ATP 合成酵素**があり，H^+が濃度勾配に従って ATP 合成酵素を通ってストロマへ拡散するさいに，ATP が合成されます。

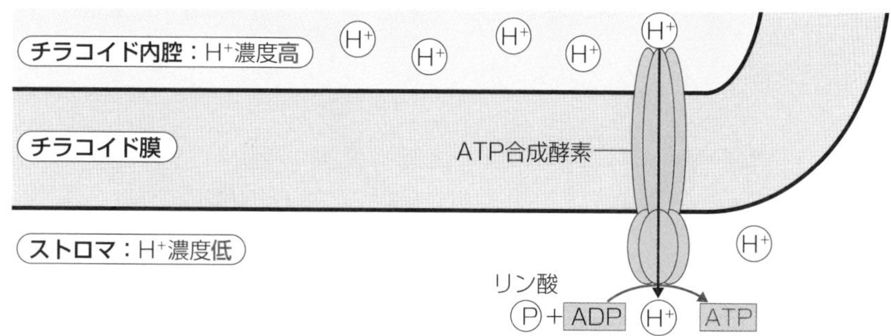

ミトコンドリアの電子伝達系（⇒ p.42）と似てますね！

すばらしい指摘ですっ！
「H^+の濃度勾配を利用して ATP をつくる」点など，
基本的なイメージは同じですね！

ミトコンドリアの電子伝達系での ATP 合成は酸化的リン酸化でしたね。一方，葉緑体でのこのような ATP 合成は光エネルギーに依存していることから，**光リン酸化**といいます。

さあ，チラコイドでの反応は完了ですよ！　要するに，「光エネルギーを吸収」「水を分解して酸素発生」「NADPH ができる」「ATP ができる」のがチラコイドでの反応ってことです。そして，チラコイドでつくられた NADPH と ATP はストロマで行われる**カルビン回路**（カルビン・ベンソン回路）という反応系でつかわれます。

❷ カルビン回路（カルビン・ベンソン回路）

カルビン回路は二酸化炭素（CO_2）を還元して有機物（$C_6H_{12}O_6$）をつくる反応系です。それでは，カルビン回路を学びましょう♪

カルビン回路の概略は下の図のとおりです。

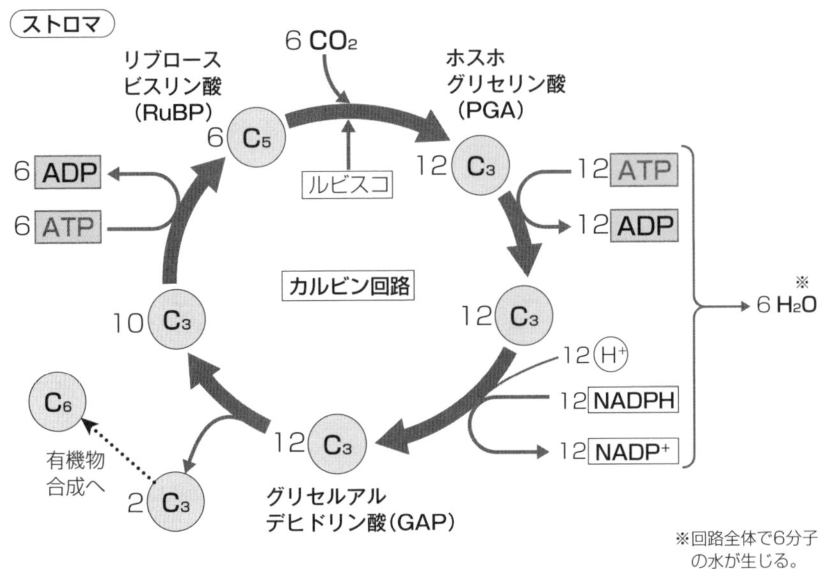

1分子のCO_2は**ルビスコ**（Rubisco）という酵素のはたらきにより，**RuBP**というC_5化合物（←炭素原子を5つもつ化合物）1分子と結合し，**PGA**というC_3化合物（←炭素原子を3つもつ化合物）が2分子生じます。

生じたPGAはチラコイドの反応でつくられたATPを消費し，さらにNADPHにより還元されてGAPというC_3化合物になります。このGAPの一部が有機物の合成につかわれ，残りのGAPはさらにATPを消費してRuBPに戻ります。

なんとかここまでたどり着けました！

有機物（$C_6H_{12}O_6$）を1分子つくるとして，カルビン回路を一緒に回ってみましょう♪　この場合，6分子のCO_2が回路に取り込まれ……，12分子のATPと12分子のNADPHをつかいます。6分子の水を生じ，12分子のGAPのうち2分子が回路から抜けて有機物の合成につかわれる……，そして，残りが6分子のATPをつかってRuBPに戻るんですね。

最後に光合成の反応全体を反応式にまとめてみましょう！

光合成の反応式

$$6CO_2 + 12H_2O \longrightarrow C_6H_{12}O_6 + 6O_2 + 6H_2O$$

二酸化炭素　水　グルコース　酸素　水

実は特殊な光合成をできる植物がいるんです。
例えば，サボテン！

何が特殊なんですか？

サボテンは，カルビン回路の前にもう１つ別の反応回路（C_4 回路）がくっついています。そして，C_4 回路で二酸化炭素を夜の間に取り込んでおくんですよ。

「夜の間に」がポイントですね。

その通りです。砂漠のように乾燥している場所で，昼間に気孔を開いたら蒸散して水分を失ってしまいます。そこで，サボテンは比較的気温の低い夜間に気孔を開いて二酸化炭素を取り込み，昼間は気孔をピシャっと閉じておくんです。スゴイしくみだと思いませんか？

第3章

遺伝子とそのはたらき

～そもそも「遺伝子」が何か知っていますか？～

「お父さん文系だったし，数学嫌いは遺伝かなぁ？」

「遺伝」や「遺伝子」という言葉はさまざまな場面で使われます。もちろん，数学が嫌いになる遺伝子はない（はず）ですが，こんな使われ方もしますね。

たとえば，**「ウイルスの遺伝子に突然変異が起こって，新たな変異株が出現！」**というような表現もしばしば耳にしたことと思います。この文章の内容って，皆さんはどれくらい理解していますか？

遺伝子って何ですか？　突然変異って何ですか？　変異株って何ですか？何となく，フワッとしたイメージで受け取っている方も多いかと思います。第3章を読めば，何が起こったのか，どんな変化が起きているのか，どんなリスクがあるのかなどについて，ある程度正確に情報を受け取れるようになると思います。

また，近年は遺伝子組換え，遺伝子治療，ゲノム編集など遺伝子を操作する研究も行われ，実用化されています。**「なんだかよくわからないから怖い！」**ではなく，どんなメリットのある技術なのか，どんなリスクがあってそのリスクをどのようにマネジメントしているのかなどをしっかりと理解したいですね。よくわからないものに対する漠然とした恐怖心は誰もがもっているものですが，理解することで払拭していくことができ，その結果として合理的な判断が可能になります。

第３章では，私たちの食や健康にかかわるさまざまな情報を理解するうえでのベースとなる内容を扱っています。

遺伝情報とその分配

1　ゲノムとは？

ゲノム（genome）は，**遺伝子**という意味の「gene」と，**全部**っていう意味の「-ome」を合わせてつくられた造語です。

「ゲノム」って，ニュースとかでたまに聞くけど，意味はよくわかっていないです。

❶　ゲノム

まずは「全部」っていうイメージが大事なんです。

ヒトの体細胞には**46本**の染色体がありますが，よく見ると，大きさや形が同じ染色体が1対ずつ，全部で23対あります。このように，対になっている染色体を**相同染色体**（そうどうせんしょくたい）といい，相同染色体の一方は父親に，他方は母親に由来します。この相同染色体のどちらか一方ずつを23本集めた1組に含まれているすべてのDNAをヒトの**ゲノム**といいます。

体細胞にはゲノムが２組あるということですか？

そのとおり！　体細胞にはゲノムが2組，精子や卵にはゲノムが1組入っています。

ちゃんと表現すると……，ゲノムは「生物が自らを形成・維持するのに必要な１組の遺伝情報」となります。

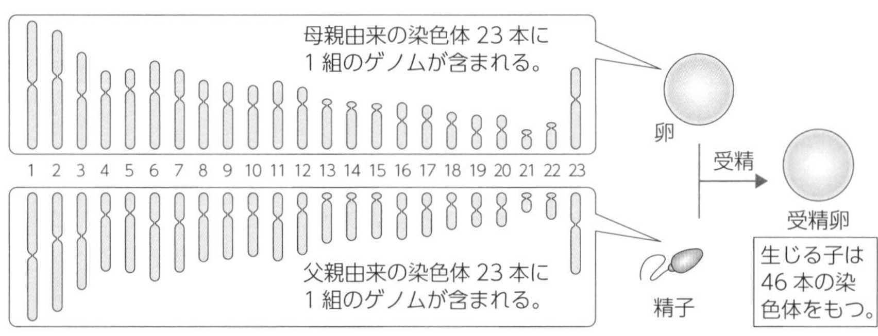

❷ ゲノムと遺伝子の関係

このあたりの用語って，ゴチャゴチャになってしまう人が多いですね。DNA の一部が転写・翻訳されてタンパク質が合成されることは，あとで学びます(⇒ p.60)が……，転写・翻訳される部分というのは DNA の一部で，真核生物の場合はほとんどが転写・翻訳されない部分です。下の図の一つひとつの転写・翻訳される部分が**遺伝子**です。ヒトの場合，転写・翻訳される部分はゲノムのたった1.5% 程度といわれています！

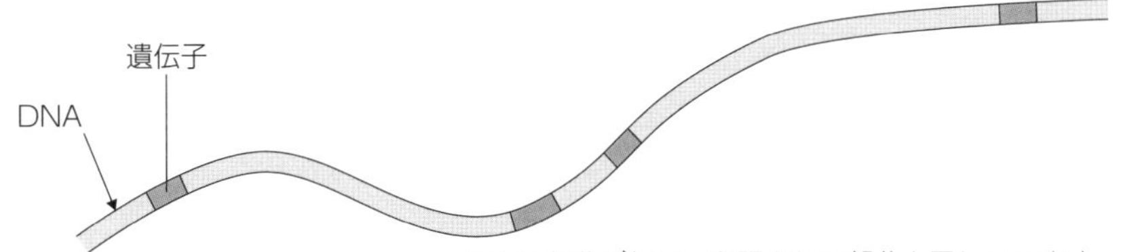

※赤い部分が転写・翻訳される部分を示しています。

ゲノムに含まれる塩基対の数はゲノムサイズといわれ，生物によってゲノムサイズは異なります。また，遺伝子の数についても生物によって異なります。

さまざまな生物のおよそゲノムサイズ（塩基対の数）と遺伝子の数

生物名	大腸菌	酵母	ショウジョウバエ	イネ	ヒト
ゲノムサイズ	500 万	1200 万	1 億 6500 万	4 億	**30 億**
遺伝子の数	4500	7000	14000	32000	**20500**

2　細胞周期

❶　細胞周期と DNA 量の変化

ヒトのからだは何十兆個もの細胞からできているけれど，これらはもともと受精卵という 1 個の細胞だったんですよ。

私たちのからだは1個の受精卵が**体細胞分裂**をくり返して増えたもので，どの細胞にも同じ DNA の遺伝情報がちゃんと受け継がれています。正確に遺伝情報を受け継いでいけるのは，本当にすごいことですよ！

細胞が分裂を終えてから次の分裂を終えるまでの過程を**細胞周期**といって，実際に細胞が分裂する**分裂期**（**M 期**）と，分裂のための準備を行う**間期**に分けることができます。間期はさらに DNA 合成準備期（**G_1期**），DNA 合成期（**S 期**），分裂準備期（**G_2期**）に分けられます。

細胞によっては G_1期に入ったところで細胞周期を停止し，**G_0期**といわれる休止期に入り，すい臓や肝臓の細胞など，特定の形とはたらきをもった細胞に変化します。これを**分化**といいます。

分化した細胞は，もう分裂しないんですか？

たとえば，肝臓の細胞は，肝臓が傷ついたときなどに G_0期の細胞が G_1期に戻り，細胞周期を再開することが知られています。では，細胞周期について下の図を見てみましょう！

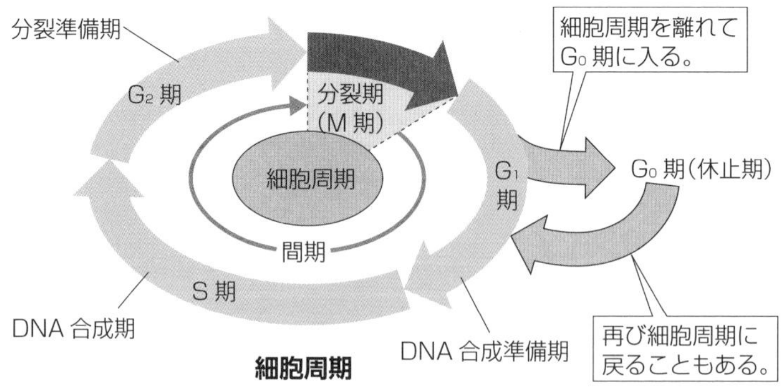

細胞周期

細胞分裂をする前に DNA を正確に**複製**して，複製された DNA を分裂で生じた2つの細胞（**娘細胞**）にキッチリ等分に分配しているから，同じ遺伝情報をもつ細胞をつくり続けられるんですよ。

DNA量？「量」ですか……。「量」って何ですか？

DNA量はDNAの質量ということ，つまり「重さ」ですね！　DNAはS期にキッチリ複製して，娘細胞に均等に分配されるので，1つの細胞に入っているDNA量（細胞あたりのDNA量）は下の図のように変化します。分裂期が終わって細胞が2個になるときに，カックンと半減します！

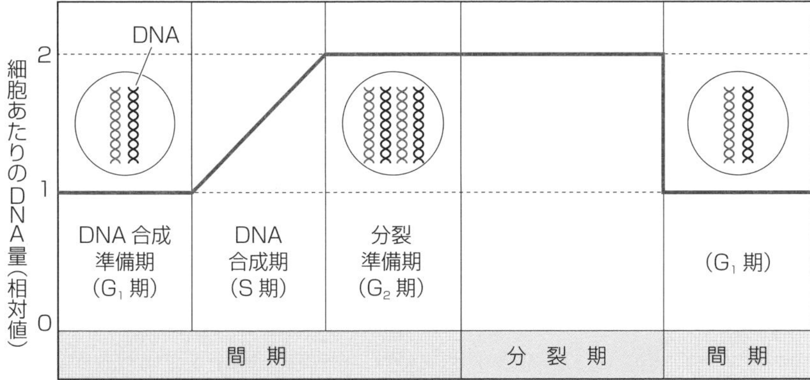

❷　分裂期（M期）でのDNAの動き

分裂期には，DNAを2つの娘細胞にキッチリと分配します。そのようすを見てみましょう!!

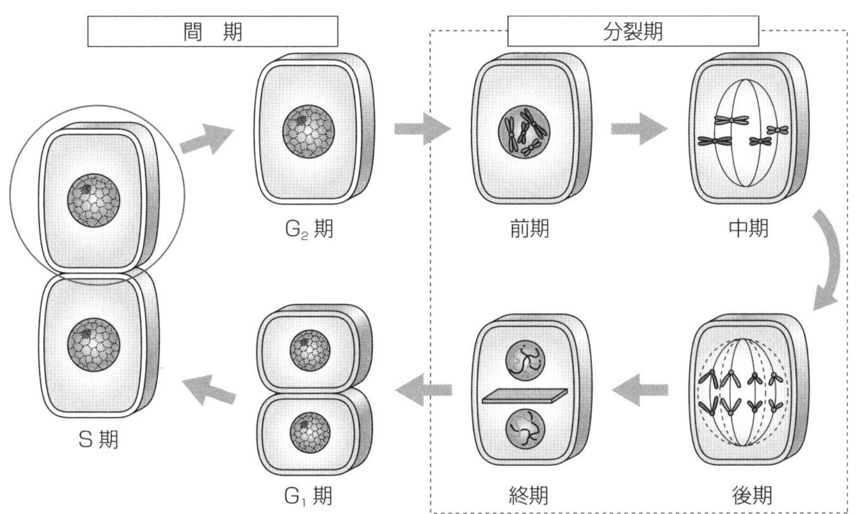

第3章　遺伝子とそのはたらき

分裂期は染色体の見た目などによって，**前期**，**中期**，**後期**，**終期**という4つの時期に分けられます。

S 期に複製された 2 本の DNA どうしは，分裂期の中期まではずっと接着しています！

これは，本当に重要なことです！

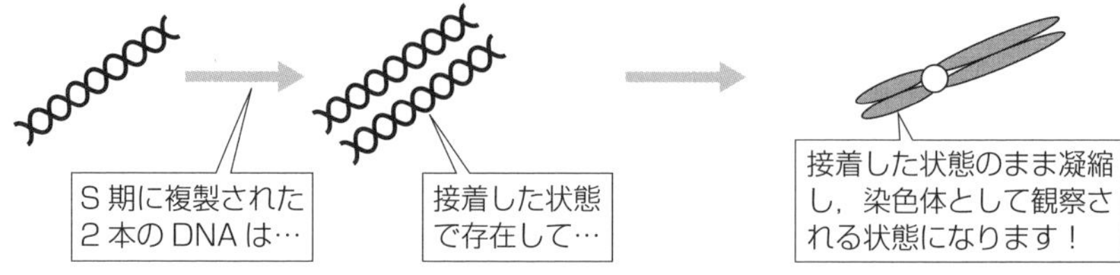

……ってことは，この染色体 には DNA が 2 本含まれているんですね！

そのとおり！　しかも，この染色体 に含まれている DNA は複製によってできた同じ塩基配列をもつ2本の DNA なんですよ！　これを踏まえて，分裂期について整理してみましょう。

❶**前期**…核内に分散していた染色体が凝縮してひも状になり，光学顕微鏡で見えるようになる。
❷**中期**…染色体が中央部に並ぶ。
❸**後期**…2本の DNA からなる染色体が分離し，均等に1本の DNA を含む状態となり，両極に移動する。
❹**終期**…凝縮していた染色体が再び分散し，核膜が形成される。また，細胞質が2つに分けられる。

3　DNA の複製

DNA の複製をするのは細胞周期の何期でした？

いきなりテスト！　S 期ですよね。

正解～♪　S 期に DNA がどのように複製されるのかを分子レベルで学びますよ！

❶　半保存的複製

DNA の複製は，テキトーにどこからでも始められるのではなく，**複製起点**(ふくせいきてん)とよばれる特定の塩基配列の部分から始まるんです。複製起点に **DNA ヘリカーゼ**という酵素が結合し，ここから二重らせん構造をほどいていきます。

ほどけた部分の鎖（鋳型鎖(いがたさ)）に対して相補的な塩基をもつヌクレオチドが結合し，**DNA ポリメラーゼ**という酵素がこのヌクレオチドどうしを連結していくことで新しい鎖（新生鎖(しんせいさ)）がつくられます（右の図）。

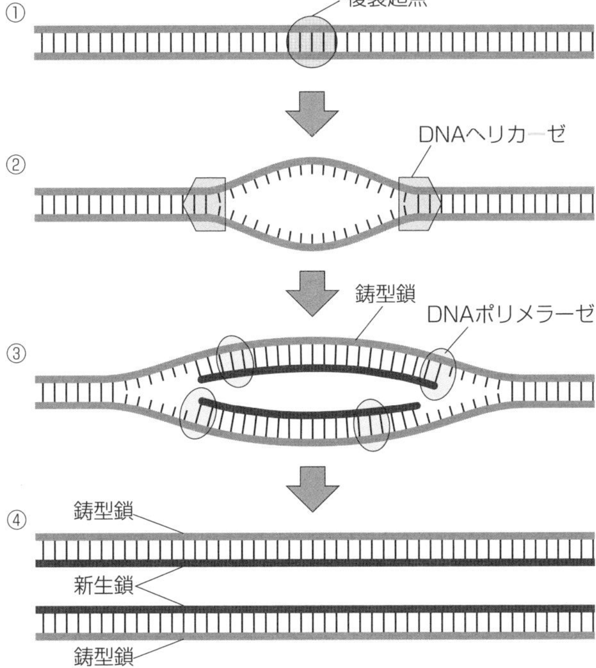

こうしてつくられたDNAは鋳型鎖と新生鎖からなり，もとのDNAと完全に同じ塩基配列をもちます。このようなDNAの複製方式を**半保存的複製**といいます。

❷ 複製のしくみ

DNAポリメラーゼにはちょっとややこしい，でも重要な性質が2つあるんですよ……

DNAポリメラーゼは，ヌクレオチド鎖を伸長させることはできるんですけど，ゼロから新生鎖をつくることができないんです。

え!? それじゃあ，新生鎖の合成がスタートできないじゃないですか!!

そこで！ 新生鎖の合成を始めるときは，まず，鋳型鎖に相補的な短いRNAをつくり，そこにDNAのヌクレオチドをつなげて新生鎖をつくります。この DNA合成の起点になるRNAを**RNAプライマー**といいます。

そして，DNAポリメラーゼは，ヌクレオチド鎖を3′末端の方向にしか伸長させることができません。酵素は基質特異性をもつので，しかたがないです！

DNAは逆向きのヌクレオチド鎖からできていましたね。よって，DNAを合成するさいに……，一方はほどく方向と新生鎖が伸長する方向が一致しますが，他方はこれが逆向きになってしまいます。

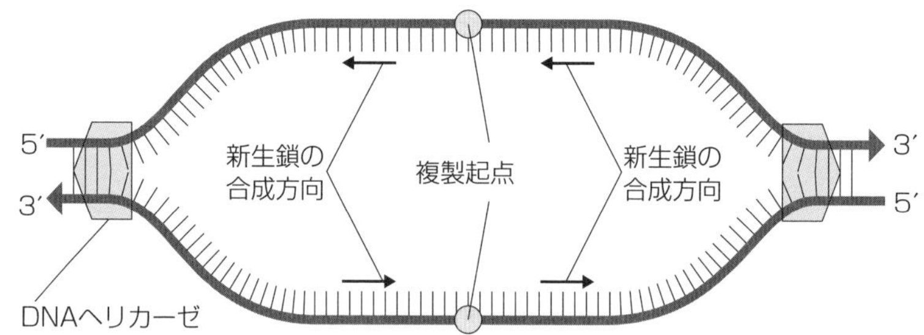

えぇぇ!? どうしましょう!!!

コツコツと新生鎖をつくるしかないんですよ。

ほどく方向と新生鎖の伸長方向が一致する側（下の図のⓑのDNA鎖）は，連続的に新生鎖をつくればOKです。こうして連続的につくられる新生鎖を**リーディング鎖**といいます。

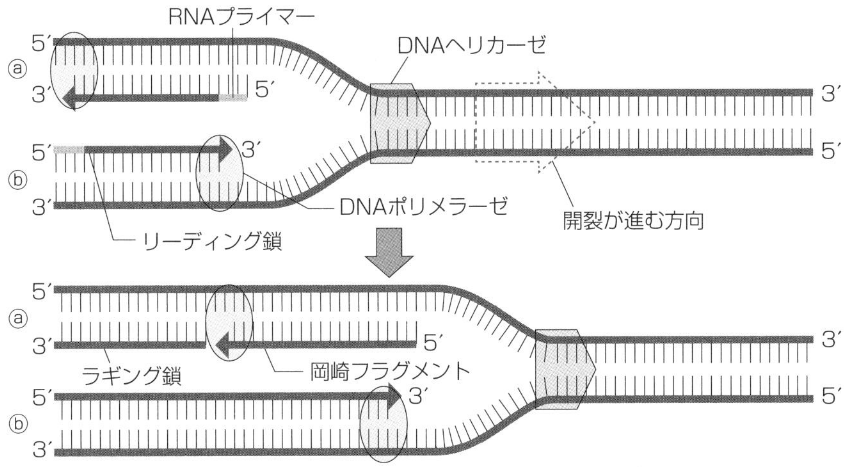

上の図のⓐの鎖は，複数の短い新生鎖を断続的につくり，これを**DNAリガーゼ**という酵素で連結させていきます。このように不連続につくられた新生鎖を**ラギング鎖**といい，このときつくられる短い鎖を**岡崎**（おかざき）**フラグメント**といいます。ラギング鎖が不連続に合成されることを証明した学者が**岡崎令治**（おかざきれいじ）で，彼にちなんでこのように名づけられました。

語源の確認です。leadは「先に行く」という意味ですね。連続的にスムーズに先行して合成されるからリーディング鎖。
一方，lagは「遅れる」という意味。遅れて合成を進めるのでラギング鎖ですよ。

第3章　遺伝子とそのはたらき

遺伝情報の発現を本格的に学ぶ

1　タンパク質合成までの流れ

AAATTTCGC～！　はい，転写して♪

UUUAAAGCG～！　はい，先生翻訳を!!

フェニルアラニン，リシン，アラニン！　Yo～！

なんかわからないけど，ノリと勢いですね♪

遺伝子を**転写**，**翻訳**して機能をもったタンパク質が合成されることを遺伝子の**発現**といいます。遺伝子の発現においては，遺伝情報がDNA→RNA→タンパク質と一方向に伝達されていきますね。この流れに関する原則を**セントラルドグマ**といいます。

❶　転写

遺伝子の転写を開始する部位の近くには**プロモーター**という特別な塩基配列の場所があります。プロモーターに**RNAポリメラーゼ**という酵素が結合すると，DNAの二重らせん構造がほどけ，ほどけた一方の鎖（**鋳型鎖**）に相補的な塩基をもったRNAのヌクレオチドが連結されていきます。

このときRNAポリメラーゼは鋳型鎖の3′→5′という方向に動いていきます。ですから，合成されるRNAは5′→3′という方向に伸長していくことになります（下の図）。

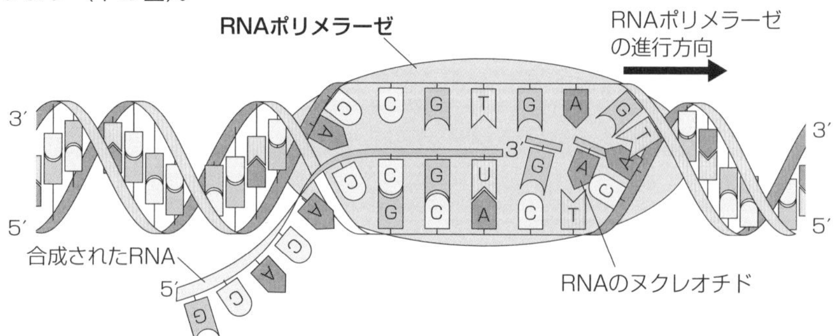

❷ スプライシング

通常，原核生物の場合は，転写によってつくられたRNAはそのままmRNAとして翻訳されます。一方，真核生物の多くの遺伝子では，DNAの塩基配列のなかに翻訳される領域（**エキソン**）と翻訳されない領域（**イントロン**）があるので，そのまま翻訳されません。

エキソンもイントロンも転写されますが，その後，核内でイントロンの領域が除かれてエキソンの領域どうしが繋(つな)げられます（下の図）。この過程を**スプライシング**といい，転写されたRNA（mRNA前駆体(ぜんくたい)）はスプライシングなどを経てmRNAとなります。

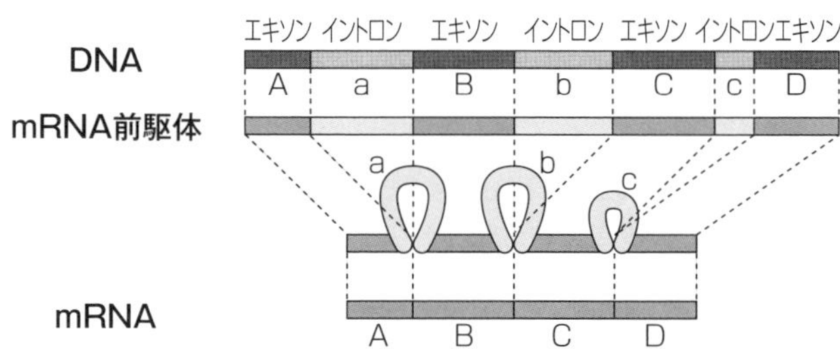

スプライシングのさいに除去される領域が変化することで，1つの遺伝子から2種類以上のmRNAがつくられることがあるんです！　この現象が**選択的スプライシング**（下の図）です。

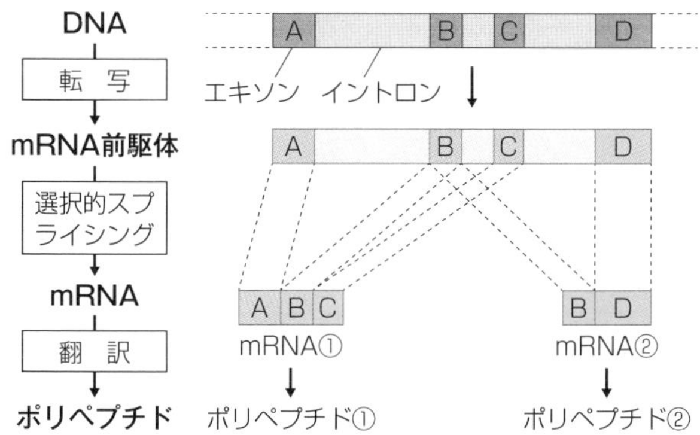

ヒトの場合，70%以上の遺伝子で選択的スプライシングを行っているんだって！　すごいですね！

第3章 遺伝子とそのはたらき

❸ 翻訳

翻訳は**リボソーム**で行われます！　mRNA はリボソームに結合します。翻訳のさい，mRNA の塩基の3つの配列ごとに特定のアミノ酸を指定します。この mRNA の3つの配列は**コドン**といいます。

「コドンとアミノ酸の対応が決まっている」というルールはわかるんですが，しくみがイメージできないです……

図のイメージは大事ですよね。じゃあ，まずは **tRNA**（転移 RNA）についてシッカリしたイメージをもちましょう!!

tRNA 分子の先端部には，**アンチコドン**という3つの塩基配列があり，酵素のはたらきによってアンチコドンの塩基配列ごとに決まったアミノ酸と結合しているんです！

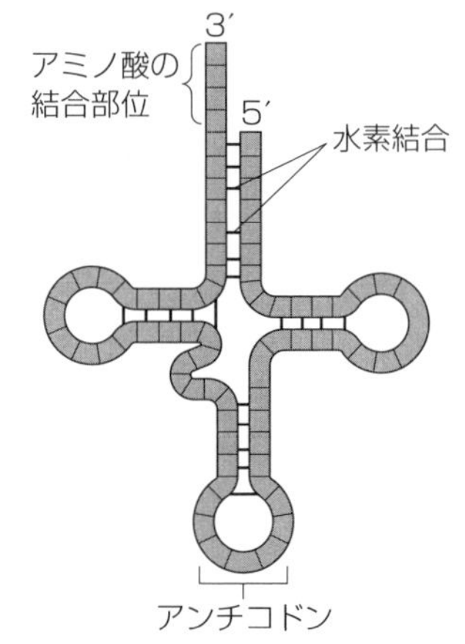

tRNAの構造

さぁ，tRNA がどんなものかわかったところで，翻訳の過程の説明を続けますよ！　mRNA がリボソームと結合してからどうなるか！

続いて，リボソームは mRNA にある **AUG** という配列を認識します。この配列を**開始**(かいし)**コドン**といいます。すると，開始コドンと相補的な UAC というアンチコドンをもつ tRNA がメチオニンをここに運んできます。そして，AUG の次のコドンに対しても相補的なアンチコドンをもつ tRNA が特定のアミノ酸を運んできます！　そして，運ばれてきたアミノ酸どうしはペプチド結合をつくって繋(つな)がっていくとともに，アミノ酸を運んできた tRNA は離れていきます。

リボソームは mRNA 上を5′→3′方向に移動しながら，以上の反応がくり返されていき……，**終止**(しゅうし)**コドン**（**UAA**・**UGA**・**UAG** のいずれか）に到達すると翻訳が終了し，合成されたポリペプチドがリボソームから離れていきます（次のページの図）。

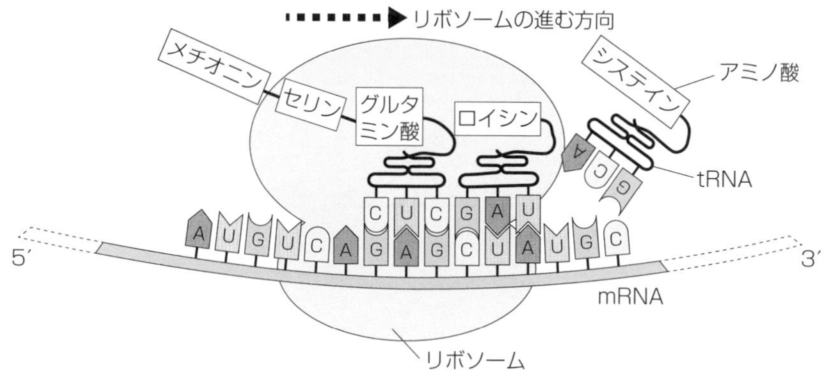

コドンに対応するアミノ酸が運ばれてきて……，ペプチド結合していき……，終止コドンの場所で終了するんですね！

うん，間違っていませんよ！
それくらいのユル〜イ理解で OK です。

先生！　次のページの遺伝暗号表って，……
マサカ……，全部覚えておくべきですか（涙）

いや，いや，いや，いや！　そんな不毛な丸暗記，いりませんよ！
開始コドンと終止コドンは覚えておくとお得ですが，それ以外は大丈夫。

よかったです♥

❹　コドンによるアミノ酸の指定

コドンごとに特定のアミノ酸が指定されることを学びましたよね。4種類の塩基が3つ並ぶのだからコドンは4×4×4＝64種類ですね。そして，タンパク質を構成するアミノ酸は20種類でした。

同じアミノ酸を指定するコドンが，複数あるってことですか？

そのとおり！

終止コドンを除く61種類のコドンで20種類のアミノ酸を指定するので，複数のコドンが同じアミノ酸を指定する場合があるんですよ。

コドンと指定されるアミノ酸との関係をまとめた次のページの表を**遺伝暗号表**といいます。

コドンの1番目の塩基	コドンの2番目の塩基 U	C	A	G	コドンの3番目の塩基
U	UUU フェニルアラニン(Phe)	UCU	UAU チロシン(Tyr)	UGU システイン(Cys)	U
	UUC	UCC	UAC	UGC	C
	UUA ロイシン(Leu)	UCA セリン(Ser)	UAA 終止コドン	UGA 終止コドン	A
	UUG	UCG	UAG	UGG トリプトファン(Trp)	G
C	CUU	CCU	CAU ヒスチジン(His)	CGU	U
	CUC ロイシン(Leu)	CCC プロリン(Pro)	CAC	CGC アルギニン(Arg)	C
	CUA	CCA	CAA グルタミン(Gln)	CGA	A
	CUG	CCG	CAG	CGG	G
A	AUU イソロイシン(Ile)	ACU	AAU アスパラギン(Asn)	AGU セリン(Ser)	U
	AUC	ACC トレオニン(Thr)	AAC	AGC	C
	AUA	ACA	AAA リシン(リジン)(Lys)	AGA アルギニン(Arg)	A
	AUG 開始コドン メチオニン(Met)	ACG	AAG	AGG	G
G	GUU	GCU	GAU アスパラギン酸(Asp)	GGU	U
	GUC バリン(Val)	GCC アラニン(Ala)	GAC	GGC グリシン(Gly)	C
	GUA	GCA	GAA グルタミン酸(Glu)	GGA	A
	GUG	GCG	GAG	GGG	G

遺伝暗号表

AUG は開始コドンで，そこにメチオニンが運ばれてきて翻訳が開始されるんですが，翻訳の途中に出てくる AUG は単なるメチオニンを指定するコドンなので，誤解しないでくださいね。

2 突然変異と多型

DNA の複製は極めて正確なんですが，まれに間違うことがあります。

大丈夫なんですか？

もちろん，タンパク質が機能しなくなってしまうことも多いんですが……。複製を間違ったおかげで生物が進化するという見方もできます。

❶ 突然変異

DNA の塩基配列や染色体の構造，本数が変化する現象を**突然変異**（とつぜんへんい）といいます。塩基配列が変化する突然変異としては，次のようなものがあります。

① **置換**（ちかん）：ある塩基が他の塩基に置き換わる。
② **欠失**（けっしつ）：ある塩基が失われる。
③ **挿入**（そうにゅう）：新たに塩基が入り込む。

置換が起きてコドンが変化しても同じアミノ酸を指定する場合がありますよね。この場合，合成されるポリペプチドに変化はなく，このような置換は**同義置換**（どうぎちかん）といいます。

また，変化したコドンが異なるアミノ酸を指定する場合や，終止コドンが生じてしまって翻訳が置換の起きた場所で終了してしまう場合もあります。このようなポリペプチドに変化が起きる置換は**非同義置換**（ひどうぎちかん）といいます。

欠失や挿入が起きると，突然変異の起こった場所以降のコドンの読み枠がずれてしまう**フレームシフト**が起きます。この場合，突然変異が起きた場所以降のアミノ酸配列が大きく変化してしまい，合成されるタンパク質の機能が大きく変化してしまいます。

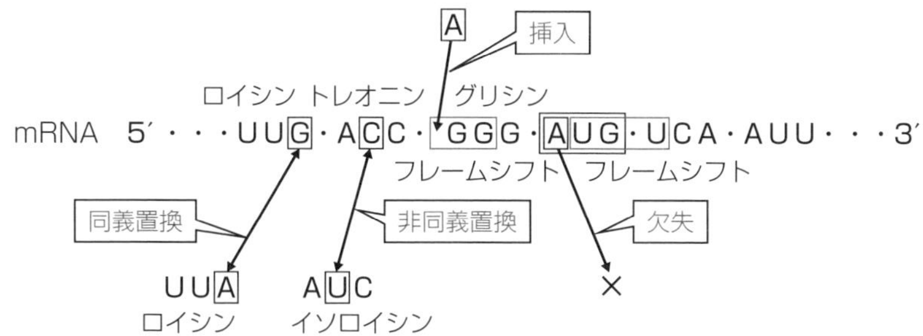

上に，アミノ酸配列を指定している領域に起きた突然変異を紹介しました。プロモーターや転写を調節する領域，スプライシングにかかわる部位に突然変異が起きる場合もあります！

❷ 鎌状赤血球貧血症（鎌状赤血球症）

塩基の置換が原因で形質が変化する例として，**鎌状赤血球貧血症**（かまじょうせっけっきゅうひんけつしょう）があります。ヘモグロビンを構成する**β（ベータ）鎖（さ）**というポリペプチドの遺伝子に塩基の置換が起こり，6番目のアミノ酸がグルタミン酸からバリンに置換しています（下の図）。このようなβ鎖を含んだヘモグロビンをもつ赤血球は，酸素濃度の低い条件で鎌状に変形します。すると，毛細血管に詰まったり，赤血球が壊れたりしやすくなり，貧血になってしまいます。

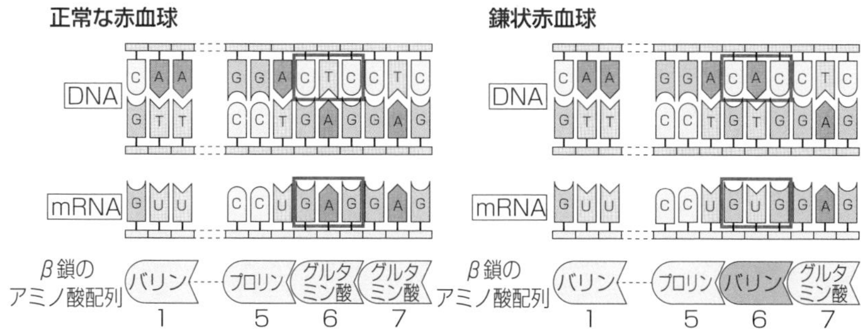

「鎌状赤血球貧血症の人はマラリアにかかりにくい」という記事を読んだことがあるような……

第3章 遺伝子とそのはたらき

すばらしいですね♪　鎌状赤血球貧血症の遺伝子のホモ接合体のヒトは，重い貧血症を起こすため亡くなってしまうことが多いのですが，正常遺伝子とのヘテロ接合体のヒトの場合は貧血の程度がそんなに重くはないんです。そして，この鎌状赤血球貧血症の遺伝子をもっているヒトは**マラリア**にかかりにくいんです！

だから，マラリアが流行している地域では，鎌状赤血球貧血症の遺伝子をもつことが必ずしも不利とはいえないんですよ。

具体的にいうと，マラリアが流行している地域では……，正常遺伝子のホモ接合体のヒトはマラリアで，鎌状赤血球貧血症の遺伝子のホモ接合体のヒトは貧血で亡くなってしまう場合があるので，ヘテロ接合体が最も有利になることもあるんです。（⇒ p.84）

❸　一塩基多型（SNP）

同義置換などが起きても生存などに不利にならないので，進化の過程で偶然，子孫に伝わる場合があります。その結果，同じ生物であっても異なる塩基配列の遺伝子をもつ個体が多数存在します。

ヒトについても例外ではなく，他人のゲノムと比較した場合に0.1%程度は塩基配列が異なるんだそうです！　たとえば……，「遺伝子のある塩基について，多くのヒトではTだけれど一部のヒトではCになっている」なんていうことがあります。このような1塩基の違いを**一塩基多型**（**SNP**）といいます。

single nucleotide polymorphism
「ヌクレオチド１つの多型」という直訳です。

そもそも「多型」というのは何ですか？

えっと……集団に一定（←通常は約1%）以上存在している個体差のことを多型といいます。だから，極めて珍しい個体差については多型とはいいません。

ヒトゲノム中には数千万ものSNPがあることがわかっています！　その多くは形質に影響しないものですが，鎌状赤血球貧血症や**フェニルケトン尿症**のように形質に直接影響するものもあります。

また，どのような影響があるのか不明なSNPも多くあります。そのなかには「病気へのかかりやすさ」「薬の効きやすさ」などと関係があるものもあると考えられており，研究が進められています。

将来的にはSNPを調べることで，適切な薬や投与量を決めたり，病気の発症リスクを減らすような生活をしたりするなど個人に合わせた医療，つまり**オーダーメイド医療**（個別化医療）ができるようになると期待されています。

すごいですね～！
いつ頃にできるのかしら。

なお，多型には1塩基の違いだけではなく，くり返し配列のくり返す回数の違いのような多型もあります。そのようなものは，単に多型またはDNA多型といいます。

3 原核生物における遺伝子の発現調節

長靴は雨の日に履(は)くけど，晴れていたらふつうは履かないですよね。

（突然，何だろう……）そうですね（汗）

遺伝子は必要なときには発現させて，
いらないときには発現させないの！

長靴と一緒……なのかな……？

転写はどうやって始まるのでしたっけ？

RNA ポリメラーゼが，プロモーターに結合します！

そうそう！　ですから，転写したくなければ，RNA ポリメラーゼがプロモーターに結合しないようにすればいいですね。まずは，こういうフワッとしたイメージを大切にしましょう！

❶ オペロン

原核生物では，機能的に関連がある複数の遺伝子は隣接しており，まとめて1本の mRNA に転写されることが多いんです。このようにまとめて転写される遺伝子群を**オペロン**といいます。特定のオペロンに対する**調節タンパク質**が結合する領域を**オペレーター**といいます。転写を促進する調節タンパク質は**アクチベーター**（活性化因子），抑制する調節タンパク質は**リプレッサー**（抑制因子）といいます。

activate は「活性化する」，
repress は「抑制する」というそのまんまの意味ですね！

❷ ラクトースオペロン

大腸菌がもつ，ラクトースを取り込んでつかうための遺伝子群は**ラクトースオペロン**とよばれています。このラクトースオペロンについて学びましょう！

Step 1 このオペロンはラクトースが存在するときに転写され，ラクトースがなければ転写されません。

ラクトースを取り込んでつかうための遺伝子群ですから，当然ですね♪

実際には，グルコースが存在するとラクトースの有無に関係なく転写が抑制されるんですよ。

Step 2 ラクトースが存在しない環境で，このオペロンの転写がどのように止まっているかを下の図で学びましょう♪

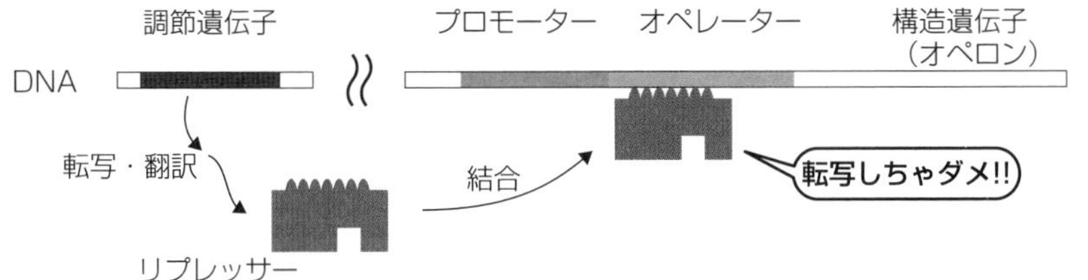

第3章 遺伝子とそのはたらき

状況はつかめますか？　リプレッサーがオペレーターに結合しているせいで，RNA ポリメラーゼがプロモーターに結合できなくなり，オペロンの転写が抑制されています。

Step 3　グルコースがなく，ラクトースが存在する環境ではどうなるでしょうか？　下の図を見てみましょう！

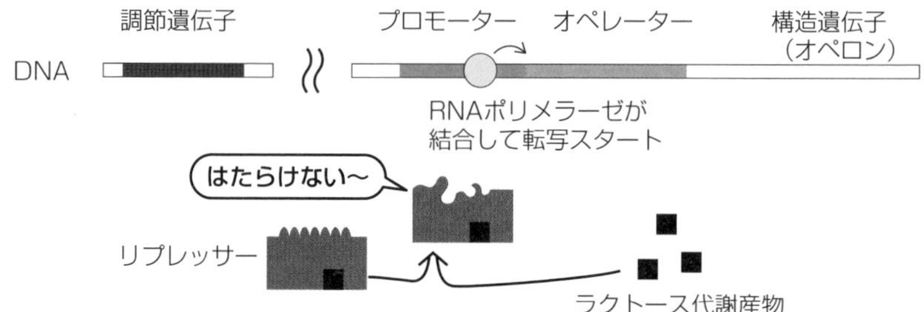

ラクトースから代謝された物質（ラクトース代謝産物）がリプレッサーに結合します。すると，リプレッサーはオペレーターに結合できなくなります。

抑制が解除されるので，オペロンが転写できるようになりますね !!

すばらしい！　ラクトースオペロンとは違う形式で調節されるオペロンもありますが，**Step 1** でやった「結局，どんなときに転写するのか？」という結論を確認したうえで，つじつまが合うように論理を構築していけば OK です。

4 真核生物における遺伝子の発現調節

フォークとナイフは食事のときに出して，ふだんはしまっておきますよね。

また，微妙なたとえ話をしてますね。

あきれられてしまった……。

❶ 染色体の構造と転写調節

真核生物のDNAは**ヒストン**などに巻きついて**ヌクレオソーム**を形成し，さらにヌクレオソームが折りたたまれて**クロマチン**（**クロマチン繊維**）という構造をつくっています。細胞分裂のさいには，さらに折りたたまれて凝集して染色体として観察することができるようになります（下の図）。

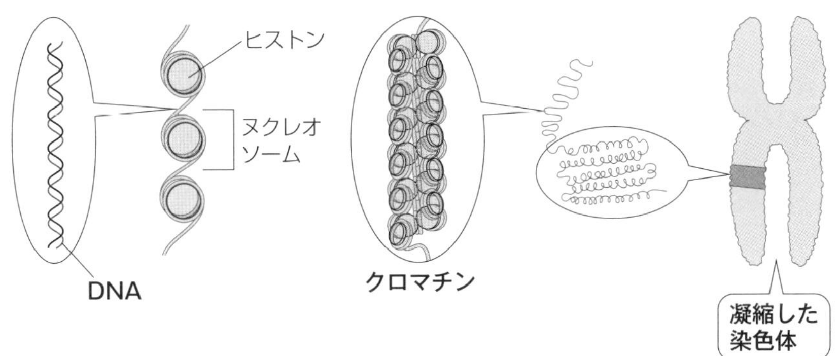

ヌクレオソームが折りたたまれてクロマチンになった状態だと，RNAポリメラーゼがプロモーターに近づけず，転写が始まりません。クロマチンがほどけた状態になると，RNAポリメラーゼがプロモーターに結合できるようになり，転写が始まります（次のページの図）。

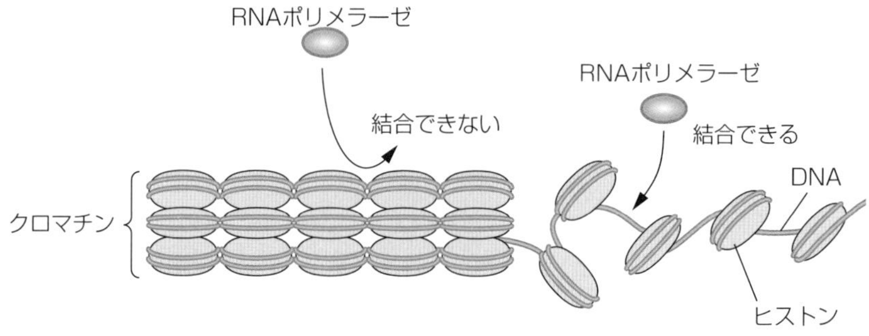

❷ 基本転写因子

そもそも，真核生物の RNA ポリメラーゼは，単独ではプロモーターにほとんど結合できないんです！ 真核生物の RNA ポリメラーゼは**基本転写因子**というタンパク質と**転写複合体**をつくってプロモーターに結合します。

さすがに，原核生物より複雑ですね。

さらに遺伝子から離れた場所には**転写調節領域**があり，転写調節領域の特定の場所には決まったアクチベーターやリプレッサー（⇒ p.70）が結合します。

遺伝子をどの程度転写するかは，転写調節領域に結合した調節タンパク質（アクチベーターとリプレッサー）の種類によって決まるんです。転写調節領域に調節タンパク質が結合すると，DNA はダイナミックに曲がり，調節タンパク質は転写複合体に結合し，作用します（下の図）。

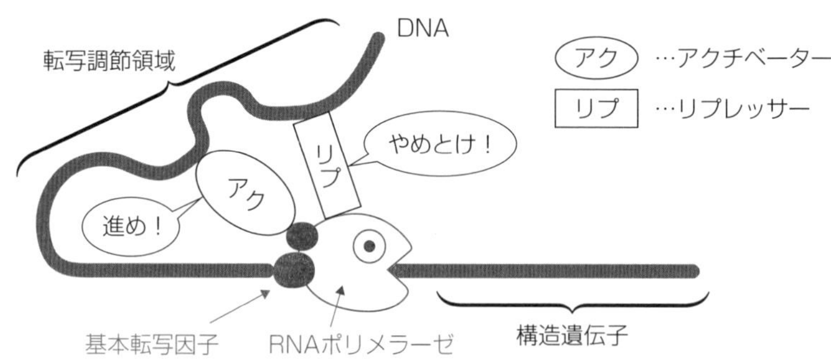

3 バイオテクノロジー

次は，バイオテクノロジー！

おっ！　得意分野ですか？

いえ，苦手ですけど，「バイテク勉強してる！」ってカッコいいなぁっていう，憧れはあります♪

生物がもつ機能を活用する技術のことを**バイオテクノロジー**といいます。まずは**遺伝子組換え(くみかえ)**！　特定の遺伝子を含むDNA断片を別のDNAに繋(つな)ぎ，細胞に導入する技術のことです。この技術を行ううえで重要になる酵素が**制限酵素(せいげんこうそ)**と**DNAリガーゼ**です。

❶　制限酵素

制限酵素は特定の塩基配列を識別してその部分を切断する酵素です。DNAを適当に切断するのではなく，決まった部位を切断できるので重宝(ちょうほう)するんです！

たとえば，大腸菌のもつ*Eco* RⅠという制限酵素は5′GAATTC3′という塩基配列を，*Hind* Ⅲという制限酵素は5′AAGCTT3′という塩基配列を認識し，特定のヌクレオチド間の結合を切断します（右の図）。

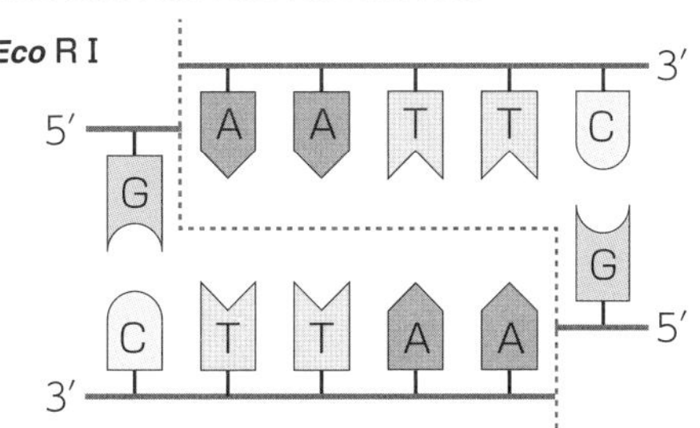

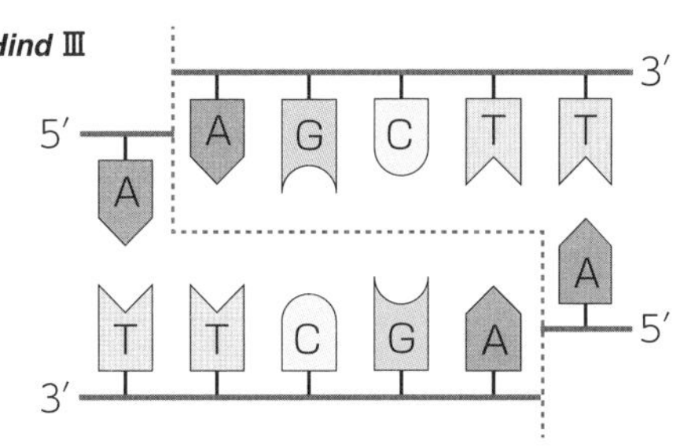

右の図のように制限酵素の切り口には，１本鎖の部分が生じることが多いんです。同じ制限酵素の切り口どうしは１本鎖の部分が相補的なので，結合させることが可能

ですが，この部分の配列が相補的でない他の制限酵素による切り口とは結合させることができないんです。

同じ制限酵素の切り口なら，放っておいたら勝手に結合するんですか？

❷ DNA リガーゼ

相補的な1本鎖の部分どうしは勝手に水素結合できますけど，鎖を繋がないといけません！　鎖を繋ぐ酵素が……

DNA リガーゼです！

制限酵素の切り口どうしが相補的な塩基対間で水素結合を形成すると，DNA リガーゼが鎖を繋いで連結してくれます（下の図）。これにより組換え DNA をつくることができます。DNA リガーゼを「のり（糊）」にたとえることがあることにも納得がいきますね。

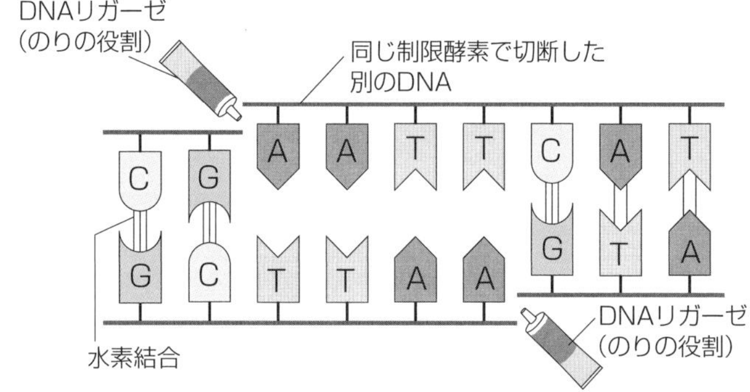

DNA リガーゼは，DNA の複製のさいにつくられる岡崎フラグメントを連結してラギング鎖をつくる酵素なんです！
その鎖を繋ぐ性質を遺伝子組換えで利用しているんですね。まさにバイオテクノロジー♪

❸ ベクター

では，いよいよ遺伝子を細胞に導入してみましょう！　細胞に遺伝子を単独でポ〜ンと放り込んでもなかなか細胞内でその遺伝子を発現させられません。そこで，遺伝子は**ベクター**とよばれる DNA に連結させてから導入させることが多いんです。

ベクターは，ラテン語で「運び屋」という意味の vehere に由来しています。細胞内に遺伝子を運ぶ運び屋さんです！

大腸菌などの細菌の細胞内にある**プラスミド**という小さい環状 DNA やウイルスの DNA などがベクターとしてつかわれることが多いですね。

たとえば，ヒトの遺伝子 *I* を大腸菌に導入して，大腸菌にタンパク質 I をつくらせる方法は以下のとおりです。

❶　遺伝子 *I* を**制限酵素**で切り出す。
❷　**プラスミド**を同じ制限酵素で切り開く。
❸　**DNA リガーゼ**で❶と❷で生じた断片どうしを連結して組換えプラスミドをつくる。
❹　**組換えプラスミド**を大腸菌に取り込ませる。

❶〜❹がすべてうまくいけば，遺伝子組換え大腸菌が得られ，これが増殖し，遺伝子 *I* を発現させることで，大量のタンパク質 I を得ることができます（下の図）。

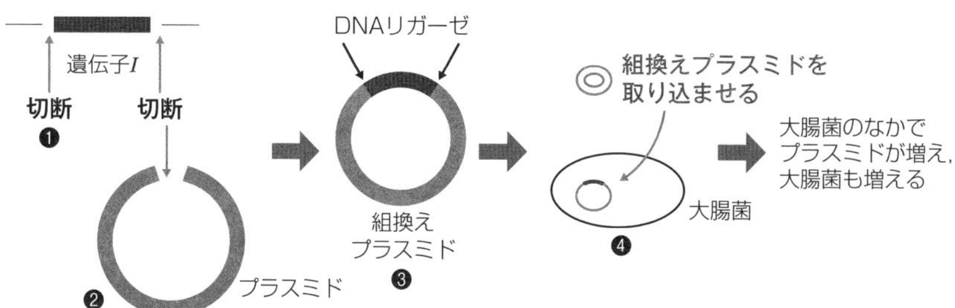

「❶〜❹がすべてうまくいけば」という表現が気になります。

第3章 遺伝子とそのはたらき

そうなんです。遺伝子組換えはかなり成功率が低いんです。❸で組換えプラスミドができない場合もあるし，❹で大腸菌がプラスミドを取り込まないことも多いんです。

アグロバクテリウムという細菌は，植物細胞に感染すると自身のプラスミド内の特定領域を植物細胞に送り込み，植物細胞のDNAに挿入させる性質をもっています。そこで，植物に遺伝子導入する場合には，アグロバクテリウムをベクターとしてつかうことが多いんです。

一方，動物細胞に遺伝子を導入する場合には，微細ピペットで組換えDNAを核に直接注入したり，ウイルスをベクターとして利用したりすることが多いですね。

このような方法で，外来の遺伝子が導入されて発現するようになった生物は**トランスジェニック生物**といいます。

❹ 遺伝子組換えの応用

最後は遺伝子組換え技術の応用です！ **下村脩**(しもむらおさむ)が発見した**GFP**という緑色に蛍光を発するタンパク質を利用します。

たとえば，調べたい遺伝子（←遺伝子 *X* とします）のあとに *GFP* 遺伝子を融合させた遺伝子を導入すると，遺伝子 *X* からつくられるタンパク質Xに GFP が連結した融合タンパク質がつくられ，青色光を当てると緑色蛍光を発します。

「どこに緑色蛍光があるか」を調べれば
「どこにタンパク質Xが存在するか」がわかります。

組換えプラスミドを大腸菌に取り込ませると……

大腸菌が遺伝子を増やしてくれます。

そうでしたね。でも，今回は生物の“ちから”をつかうのではなく，化学的に遺伝子を増やします。

遺伝子をもっと手軽に増やせるんですね。

❺ PCR法

生物の“ちから”をつかわず，DNAポリメラーゼを用いてDNAの特定の部分を増幅する技術として，**PCR法**（ポリメラーゼ連鎖反応法）があります。塩基配列の解析などをするさいに欠かせない技術です。

すごい技術だけど，原理はとてもシンプルで簡単なんですよ。

PCR法で必要な材料は，鋳型となるDNAのほかに，DNAポリメラーゼとヌクレオチド（DNAの材料），そして（DNAでできている）プライマーです。PCR法では90℃以上に加熱するプロセスがあるので，DNAポリメラーゼは好熱菌という原核生物がもっている，熱に強い特殊な酵素をつかいます！

PCR法の流れ

PCR法の手順です！　次のページの図を見ながら読みましょう。

❶　材料を入れた混合液を約95℃に加熱して鋳型DNAの塩基間の水素結合を切断し，DNAを1本鎖の状態にする。
❷　約55℃に冷やし，鋳型となるDNAにプライマーを結合させる。
❸　PCR法で用いるDNAポリメラーゼの最適温度である約72℃の条件で，プライマーを起点として新生鎖を合成させる。
❹　上記の❶～❸をくり返す。

第3章 遺伝子とそのはたらき

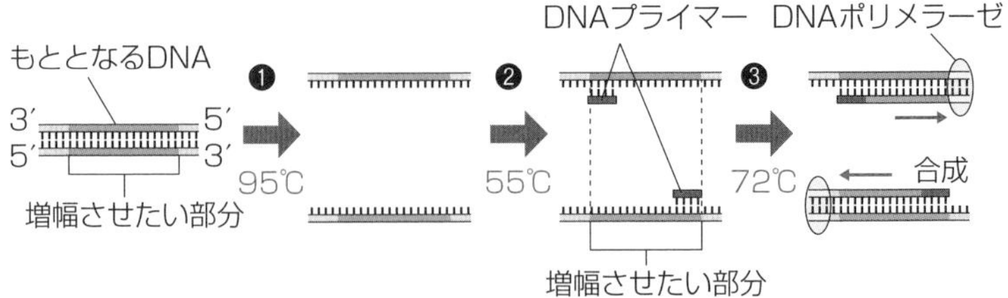

下の図は，前のページで紹介したPCR法の手順❶～❸を3サイクルくり返した模式図です。

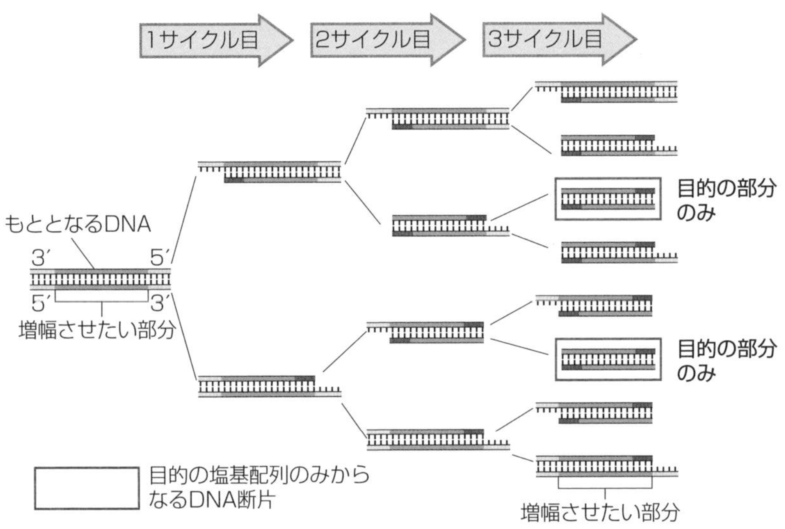

3サイクルくり返したあとの状態に注目！　プライマーにはさまれた領域のみを含むDNA（増幅させたい部分のみを含むDNA）ができていますね？上から3番目と6番目のDNAですよ。

4サイクル以降では，この増幅させたい部分のみを含むDNAが指数関数的にドンドン増えていきます。つまり，「PCR法は増幅させたい部分のみを含むDNAを指数関数的に増やす技術」なんです。

また，DNAポリメラーゼは新生鎖を3′末端方向のみに伸長させますね。ですから，PCR法では，増幅させたい部分のそれぞれの鎖の3′末端側に相補的に結合する1本鎖DNAをプライマーとしてつかうんです！

さて，基本的なPCR法はこのようなものなのですが，PCR法はどんどん改良され，新しいパターンのPCR法が開発されています。たとえば，**逆転写酵素**（ぎゃくてんしゃこうそ）という酵素でmRNAを鋳型としてDNA(←このようにつくったDNAを**cDNA**という)をつくり，そこからPCR法で遺伝子を増幅させる方法などがあります。

第4章

生殖と発生

～1つの受精卵から複雑なからだをつくるしくみがスゴイ！～

すべての生物が共通にもつ特徴の1つが**「生殖をすること」**です。つまり，子孫を残していくことですね。当たり前のようなことなんですが，考えてみると不思議ですごいことなんです。

親の遺伝情報をチャント子が受け継いでいくこともスゴイですし，1つの受精卵からこんなにも複雑なからだを正確につくっていくんですから，これは感動ものです！　大学入試において生殖と発生の分野は「遺伝の計算問題」や「発生の考察問題」など，なかなか難しい問題が出題され，苦手意識をもつ受験生が多い分野です。しかし，受験のためではなく教養として学ぶ場合，計算練習や訓練などは不要です。気楽に読んでください。なお，今の時代，多くの発生の動画などがインターネットに存在しています。今の若者は興味をもったらインターネット上の動画で実際の映像を眺めながら学習できるんです。10年前，20年前では考えられないですね。せっかくですので，今の若者のように興味をもったものについては，インターネットで実際の映像を眺めてみるとよいでしょう。発生の分野は特に，動画を見ると，より理解が深まる分野です。

第4章では，生殖細胞を正確につくるしくみ，受精卵からからだをつくるしくみを紹介します。そして，哺乳類の発生のしくみを学ぶなかで，iPS細胞についても理解できるように解説していこうと思います。

第４章　生殖と発生

生殖細胞をつくる

1　染色体と遺伝子

染色体には DNA が含まれます。

DNA には遺伝子が点在しているんですよね？

そうそう！　第３章でやりましたね。

ヒトの遺伝子数は約 20,500 個って，習いました！

❶　染色体の構成

ヒトなどの有性生殖を行う生物の体細胞には，大きさや形が同じ染色体が2本ずつ対になって含まれており，この対になる染色体を**相同染色体**（そうどうせんしょくたい）（⇒ p.52）といいます。相同染色体の対の一方は雄親から，他方は雌親から受け継いだものです。

このように体細胞には，雄親由来の染色体1セットと雌親由来の染色体1セットの合計2セットの染色体があります。この染色体セットを1セットもつ状態を n，2セットもつ状態を $2n$ と表します。

配偶子は n ってことですね !!

ヒトの体細胞には通常2セット，46本の染色体があります。つまり，ヒトの染色体1セットは23本ということですね。そして，ヒトの体細胞の染色体構成は $2n = 46$ と表されます。

「染色体が２セットありますよ！　46 本ですよ！」という意味。
なお，精子や卵は $n = 23$ と表されます。

次ページのヒトの23組の染色体をよく見てみましょう。

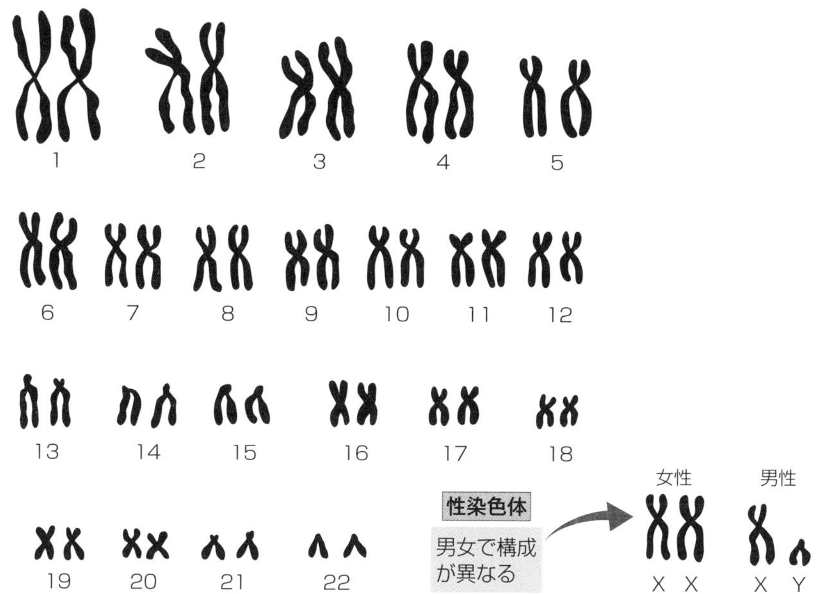

ヒトの体細胞に含まれる染色体のうち，男女で構成が異なる2本を，**性染色体**とよびます。性染色体は性別の決定に関与しています。性染色体以外の22対（＝44本）の染色体は男性・女性共通で**常染色体**といいます。

男女ともにもつ性染色体を**X 染色体**，男性のみがもつ性染色体を**Y 染色体**といいます。ほかの哺乳類やショウジョウバエなども，ヒトと同様の性染色体の構成となっています。

❷ 染色体と遺伝子

染色体のどこに，どんな遺伝子が存在するかは生物によって決まっています！　遺伝子のある場所のことを**遺伝子座**といいます。1つの遺伝子座には決まった**形質**（←「花の色」「種子の形」などの特徴）に関する遺伝子が存在します。1つの遺伝子座に異なる遺伝子（←「赤花遺伝子」と「白花遺伝子」など）がある場合，それらを**対立遺伝子**といいます。

同じ形質についての異なる遺伝子が対立遺伝子！
たとえば……「丸形種子の遺伝子」と「しわ形種子の遺伝子」が対立遺伝子のイメージですよ。

❸ 遺伝子型

各個体や細胞が遺伝子をどのようにもっているか，すなわち対立遺伝子の組み合わせを**遺伝子型**といいます。相同染色体の対応する遺伝子座には対立遺伝子があるので，体細胞は1つの形質について遺伝子を2つずつもちます。AA や aa のように同じ遺伝子を2つもつ状態を**ホモ接合**，Aa のように異なる対立遺伝子をもつ状態を**ヘテロ接合**といいます（右の図）。そして，ホモ接合の細胞や個体を**ホモ接合体**，ヘテロ接合の細胞や個体を**ヘテロ接合体**といいます。

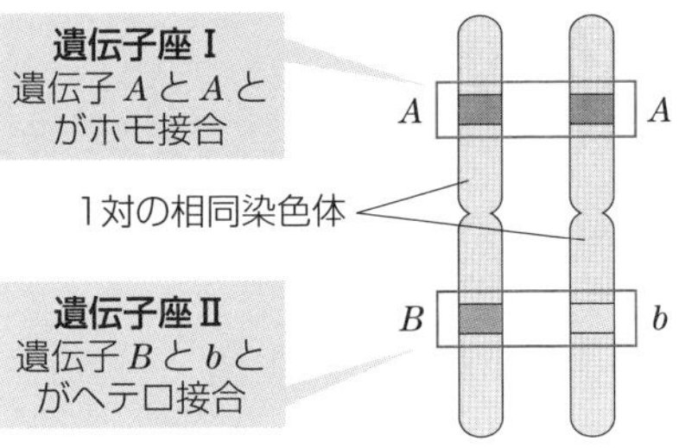

精子や卵といった配偶子は，1 つの形質について遺伝子を 1 つしかもっていませんよ！

何となく聞いたことがある用語のオンパレード！しっかりと意味がわかってよかった♥

2 減数分裂

精子や卵がもつ染色体の数は体細胞の半分ですよね？
どうやって正確に半分にできるんですか？

そういうところに疑問や興味をもって学べば，
減数分裂はきちんと理解できます。

このセクションを学べば謎が解けるんですね♪

まず，アウトラインを学びましょう！　$2n$ の細胞から n の細胞をつくる分裂が**減数分裂**です。減数分裂では，2回の分裂が起きるので，1個の細胞から4個の細胞ができます。

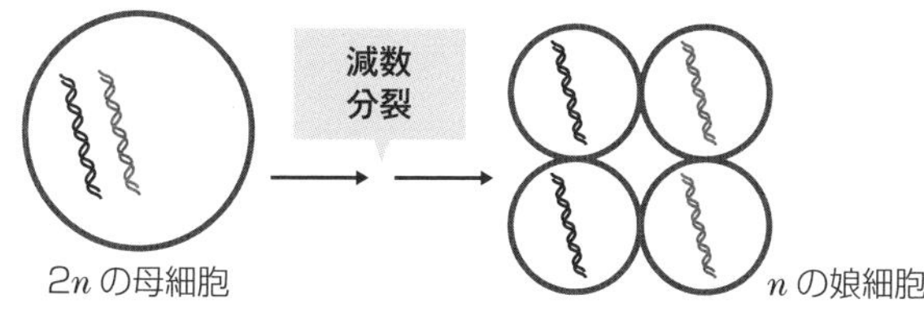

❶ 第一分裂

2回の分裂のうち1回目，2回目をそれぞれ**第一分裂**，**第二分裂**といいます。それでは，減数分裂の過程を確認しましょう。では，第一分裂から！

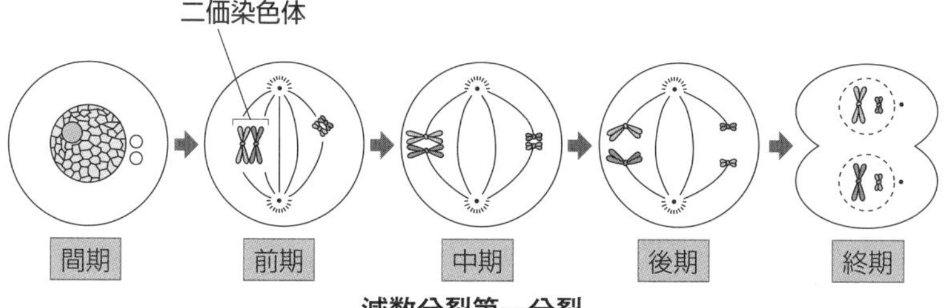

減数分裂第一分裂

どこに注目すればいいんですか？

前期に核膜が消えたり，後期に染色体が移動したり……，全体的には体細胞分裂と似ていますよね。だから，「体細胞分裂とどこが違うのか？」が大事。

前期には，相同染色体どうしが並んで接着（←これを**対合**という）して**二価染色体**になります。

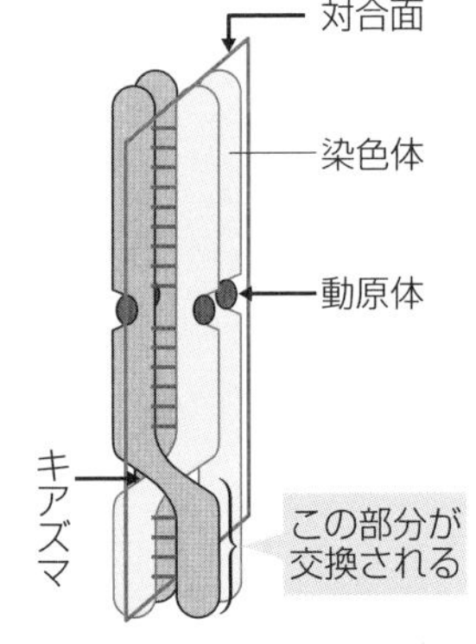

右の図は二価染色体の模式図です。二価染色体にはDNAが4本含まれており，対合した相同染色体間で染色体の部分的な交換が起こることが多く，これを**乗換え**といいます。染色体が交さしている部位をキアズマといいます。

中期には二価染色体が紡錘体の赤道面に並び，後期には相同染色体が対合した面から分離して移動します。そして，終期には細胞質分裂が起こります。

一度，相同染色体のペアをくっつけて並べることで，ミスなくチャンと染色体数を半分にすることができるんです。

❷ 第二分裂

では，第二分裂です！　第一分裂が終わると，DNAの複製をせずに第二分裂に入ります。

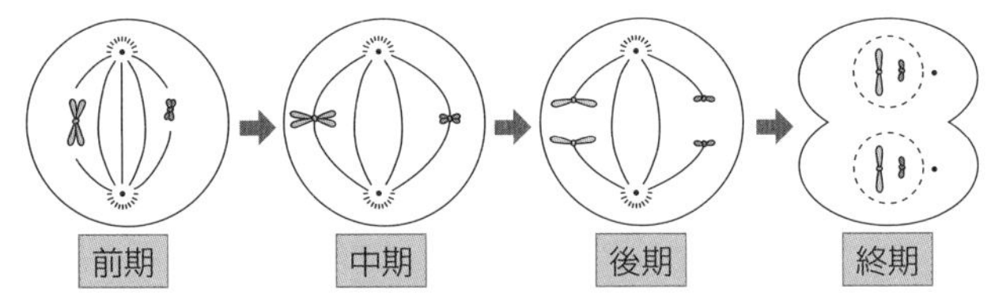

減数分裂第二分裂

体細胞分裂と似ていますよね？

そのとおりです！　体細胞分裂と特に違いはありません。前期に染色体が出現し，中期に染色体は紡錘体の赤道面に並び，後期に染色体が分離して移動する。そして，終期に細胞質分裂ですね。

減数分裂の第一分裂が終わった段階で，染色体は対になっていないので，染色体の構成は $2n$ から n になっています。

❸ 減数分裂と DNA 量の変化

減数分裂では，間期に DNA の複製をして DNA 量が倍加してから2回の連続した分裂を行っています。第二分裂では，DNA の複製をしないので，細胞あたりの DNA 量は半分になります。よって，減数分裂にともなう細胞あたりの DNA 量の変化のグラフは下の図のようになります。なお，グラフの縦軸の DNA 量は相対値で，減数分裂が始まる前の間期の G_1期での DNA 量を 1 C としています。

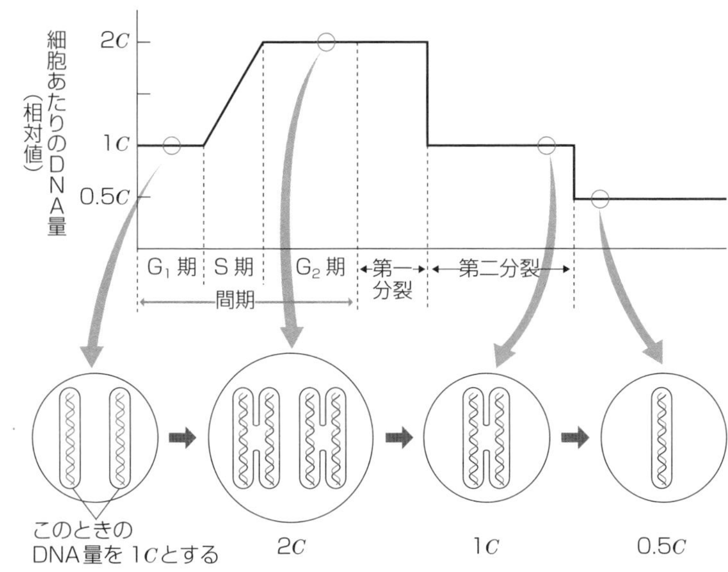

減数分裂にともなうDNA量の変化

第4章 生殖と発生

❹ 減数分裂と染色体の組み合わせ

相同染色体は，減数分裂によって別々の生殖細胞に分配され，それぞれの相同染色体どうしは互いに無関係に分配されます。たとえば，$2n=4$の生物で，相同染色体間での乗換えが起こらない場合，生じる生殖細胞には$2^2=4$通りの染色体の組み合わせがありますね（下の図）。

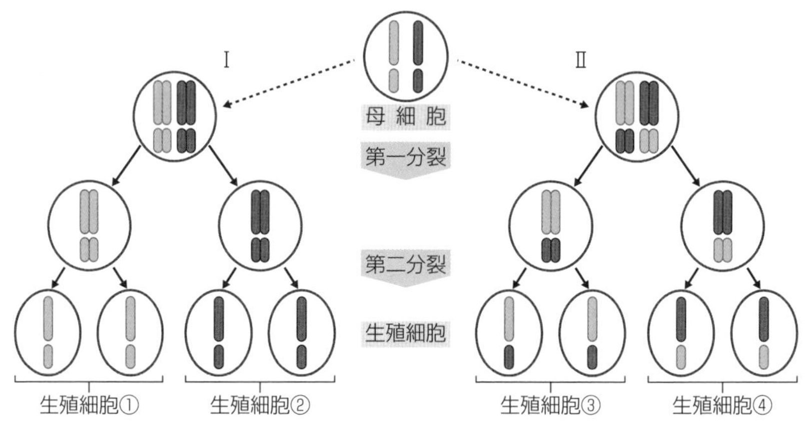

$2n=4$の生物の場合，Ⅰ・Ⅱの２つのパターンの分裂が考えられる。
これらの細胞から生じる生殖細胞の染色体の組み合わせは４通りになる。

ヒトの体細胞の染色体構成は$2n=46$ということは，染色体の組み合わせは何通りありますか？

$2\times2\times$……ということは，2^{23}通りですね。

そう，なんと約840万通り！
減数分裂によって多様な生殖細胞がつくれるんです。

❺ 独立と連鎖

1本の染色体には多数の遺伝子が存在しています。複数の遺伝子について，同一染色体に存在する関係を**連鎖**といいます。一方，異なる染色体に存在する関係を**独立**といいます。右の図ではA（a）とB（b）の関係が連鎖，A（a）とD（d）の関係が独立です。

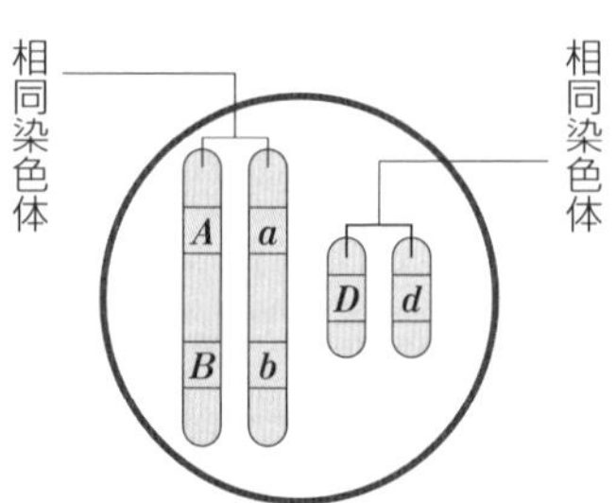

独立しているA（a）とD（d）に注目すると，Aとa，Dとdが互いに関係なく配偶子に分配されますので，配偶子の遺伝子型（←もっている遺伝子の組み合わせ）はAD：Ad：aD：ad＝1：1：1：1と，どの組み合わせも平等になると期待されます。

これについては難しくないですね！

❻ 組換え

連鎖しているA（a）とB（b）に注目した場合，乗換えが起こらないとするとAとB，aとbがつねに同じ配偶子に分配されます。しかし，これらの遺伝子座の間で乗換えが起きた場合，Aとb，aとBをもつ配偶子も生じます。このように，乗換えの結果，連鎖している遺伝子の組み合わせが変わることを**組換え**（くみか）といいます。

そして，つくられた配偶子のうちで組換えを起こした染色体をもつ配偶子の割合（%）を**組換え価**（くみかか）といいます。

$$組換え価＝\frac{組換えを起こした配偶子数}{全配偶子数}\times 100$$

組換え価は50%を上回ることはありません！

乗換えは，二価染色体を構成している4本の染色体のうち2本の間で起こります。よって，残りの2本については連鎖している組み合わせが変わりません（右の図）。よって，組換えを起こした配偶子のほうが多くなることはありません。

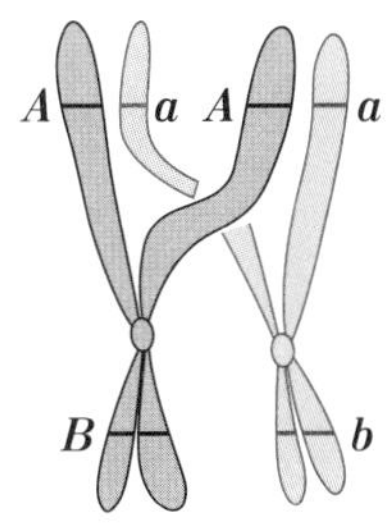

乗換えのイメージ

第4章 生殖と発生

3 配偶子の形成

好きなお寿司のネタは何ですか？

なるほど，ウニの未受精卵（n）ですね！

その表現…… nって，そうですけど（笑）

動物の精子と卵は，**始原生殖細胞**（$2n$）という細胞から生じます。始原生殖細胞は，発生（←からだをつくる過程）の初期から体内に存在しており，**精巣**や**卵巣**ができるとそこに移動していき，それぞれで**精原細胞**（$2n$），**卵原細胞**（$2n$）になります。

精子も卵ももとは同じ細胞なんですね。

❶ 精子の形成

それでは，精子形成のようす（下の図）を学びましょう！

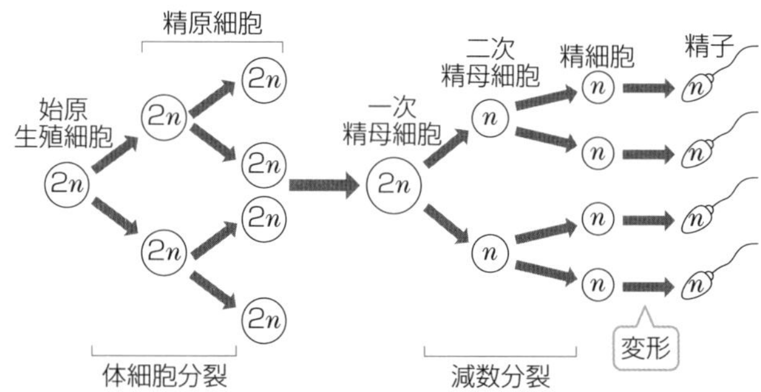

始原生殖細胞が精巣に入って精原細胞になると，体細胞分裂をくり返して増殖します。そして，一部の精原細胞が**一次精母細胞**（$2n$）となり，減数分裂を始めます。

一次精母細胞が減数分裂の第一分裂を終えると**二次精母細胞**（n）となり，さらに第二分裂を終えると**精細胞**（n）となります。そして，精細胞が変形して配偶子である精子（n）となります。

細胞の名称はたくさんあるのですね……

精細胞から精子への変形を見てみましょう！

精細胞の中心体から**べん毛**が伸び，べん毛の付け根にミトコンドリアが集まります。さらに，ゴルジ体のはたらきでタンパク質分解酵素などが含まれる**先体**(せんたい)という袋状の構造がつくられます。そして，多くの細胞質を失い，スリムになって精子の完成！　完成した精子は，核と先体をもつ**頭部**，中心体とミトコンドリアをもつ**中片部**(ちゅうへんぶ)，べん毛でできた**尾部**(びぶ)からなります（下の図）。

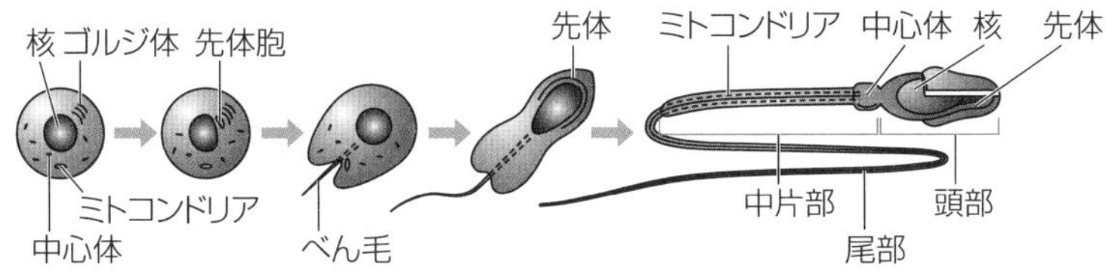

❷ 卵の形成

続いて，卵形成です！

精子形成の過程で登場した細胞と名前のつけ方が同じなので，わかりやすいですよ！

始原生殖細胞が卵巣に入って卵原細胞になると，体細胞分裂をくり返して増殖します。そして，一部の卵原細胞が**一次卵母細胞**(いちじらんぼさいぼう)（$2n$）となり，減数分裂を始めます。一次卵母細胞は**卵黄**(らんおう)，mRNA，リボソームなどを蓄積して成長します。卵形成の過程の減数分裂では，細胞質が不均等に分配されます。よって，一次卵母細胞は大きな**二次卵母細胞**(にじらんぼさいぼう)（n）と小さな**第一極体**(だいいちきょくたい)（n）になり，二次卵母細胞は大きな**卵**（n）と小さな**第二極体**(だいにきょくたい)（n）になります（下の図）。

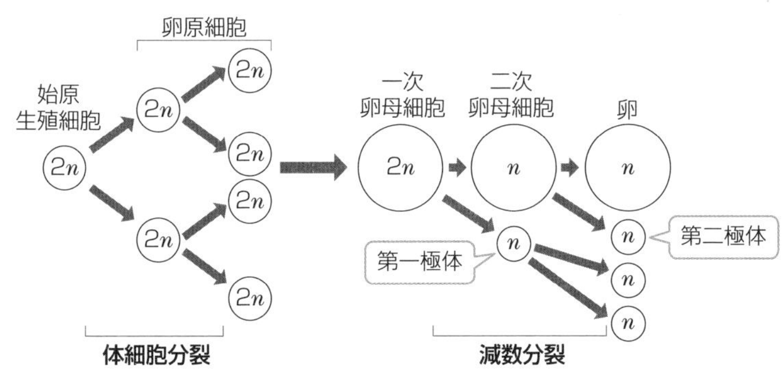

受精卵からからだをつくる

1　受精と卵割

受精卵はちょっと特徴的な体細胞分裂を始めます。

間期がないとか？

いやいや，DNA 複製せなあかんし，間期がないのはマズイでしょ。

うぅん，何でしょう……

❶　卵の種類と卵割

受精卵から始まる発生初期の体細胞分裂は特に**卵割**(らんかつ)といい，卵割で生じる娘細胞は**割球**(かっきゅう)といいます。卵割にはいくつか特徴があります。

動物の卵において，極体の生じる位置を**動物極**(どうぶつきょく)，その反対の位置を**植物極**(しょくぶつきょく)といいます。また，卵黄の量や分布の違いから，卵は**等黄卵**(とうおうらん)，**端黄卵**(たんおうらん)，**心黄卵**(しんおうらん)に分けられます。

等黄卵は，卵黄が少なく一様に分布している卵で，ウニなどの棘皮(きょくひ)動物や哺乳類の卵がこのタイプです。端黄卵は卵黄が偏って分布している卵で，両生類，魚類，鳥類などがこのタイプです。心黄卵は多くの卵黄が中心部に分布している卵で，昆虫や甲殻類(こうかくるい)の卵がこのタイプです。

卵黄の分布のしかたがそのまま名称の由来になっているんですよ。

卵割は卵黄の多い部分では起こりにくいので，卵黄の量と分布は卵割のしかたに影響を与えます。等黄卵は，8細胞期まで**等割**(とうかつ)を行い，8細胞期では同じ大きさの割球が生じます。両生類の端黄卵では植物極側に卵黄が多いので，8細胞期以降，植物極側の割球のほうが大きくなります（下の図）。

等黄卵（ウニ）

受精卵　2細胞期　8細胞期

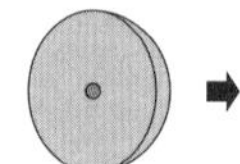

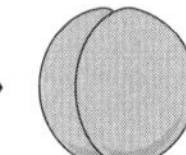

端黄卵（カエル）

受精卵　2細胞期　8細胞期

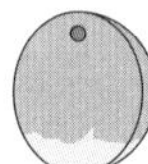

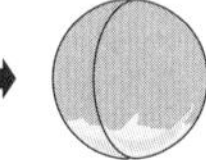

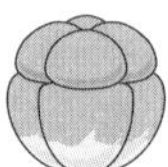

注：図の上側が動物極側，下側が植物極側

魚類，鳥類などの端黄卵は卵黄の量が非常に多く，動物極周辺以外に分布しているので，動物極周辺のみで細胞質分裂が不完全なまま卵割が進みます。

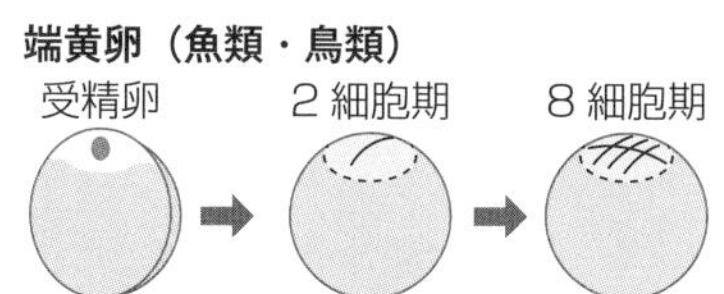

卵黄の分布・量と卵割のしかたが対応しているからカンタン！

最後に昆虫などの心黄卵は，はじめは核だけが分裂します。その後，大部分の核が表層に移動して細胞質分裂が行われます。その結果，表面に細胞層，内部に多核の細胞という状態になります。このような卵割を表割といいます。ショウジョウバエの発生については，102ページで詳しく解説します。

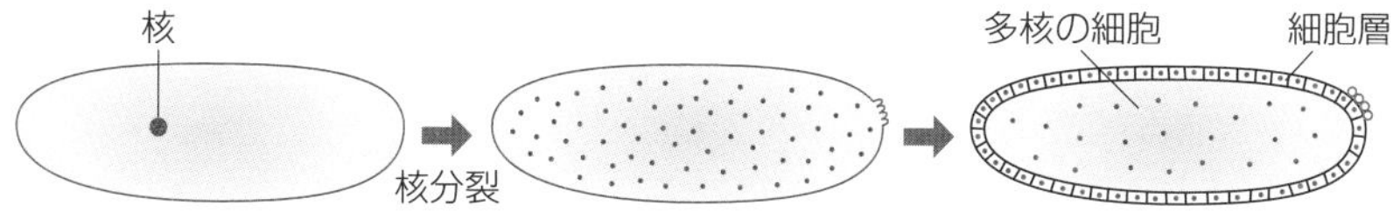

❷ 卵割の特徴

通常の体細胞分裂では，娘細胞が母細胞と同じ大きさに成長してから次の分裂に進みます。一方，卵割では間期に割球が成長しないまま次の卵割をするので，卵割が進むにつれて割球が小さくなっていきます。

卵割では，間期の G_1 期や G_2 期を欠くこともあり，間期が短いんです。よって，卵割の細胞周期は通常の体細胞分裂の細胞周期よりも短いという特徴があります。

DNA の複製をしないわけにはいきませんから，S 期はちゃんとありますので，間期はありますよ！

「間期が短い」だったら正解なんですね。悔しい……。

いやいや，惜しかったですね。

第4章 生殖と発生

2 初期発生（カエルの例）

カエルの発生は暗記よりも想像力！

想像力ですか？

三次元のモノ（＝カエルの胚）の断面図や別の方向から眺めたようすなどを想像する力！　頭を使う分野ですよ！

そうなんですね！　図を覚えまくるんじゃないんだ！安心しました。

❶ 受精から胞胚

カエルの未受精卵（＝二次卵母細胞）は動物極側が黒っぽい色になっています。精子は動物極側から進入します。すると，表層回転（⇒ p.101）という現象が起き，精子進入点の反対側に灰色の領域が生じます。この領域が**灰色三日月環**（はいいろみかづきかん）で，灰色三日月環が生じた側が将来の背側になります。

カエルの第一卵割は，動物極と植物極を通って灰色三日月環を二分する面で起こるんですが，この面は将来の正中面（←からだの左右を分ける面）になります。第二卵割は動物極と植物極を通って第一卵割面に垂直な面で起こり，第三卵割は赤道面よりやや動物極側で起こる不等割となります。

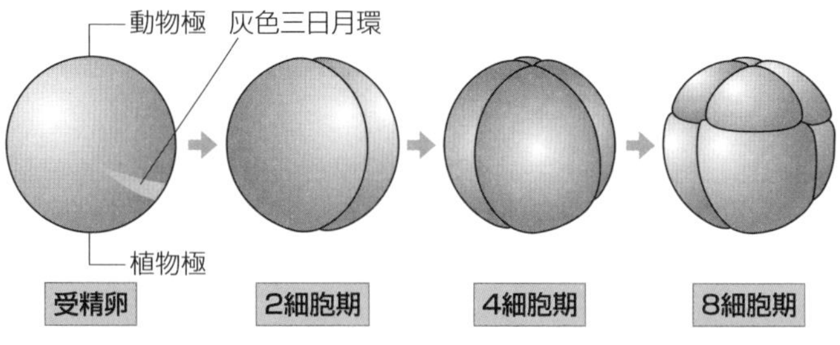

そのあとは「桑実胚（そうじつはい）→胞胚（ほうはい）」と発生が進みます。

カエルの胞胚は，胞胚腔が動物半球に偏って存在しています。

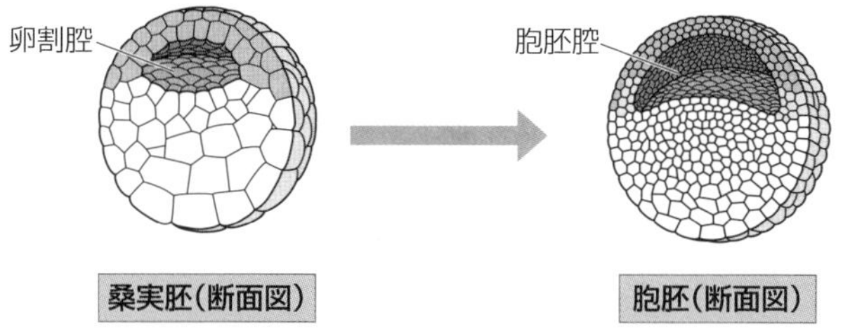

桑実胚（断面図）　　胞胚（断面図）

❷ 原腸胚

その後，灰色三日月環のあった場所のやや植物極側に原口ができ，原腸胚になります。そして，原口から原腸がドンドンと伸びていき，胞胚腔が小さくなっていきます。原腸の先端部が動物極付近の外胚葉に接すると，そこに将来，口ができます。このとき，原口より動物極側の細胞は，胚の内部に入るとすぐに折り返して胚表面を裏打ちします（図中の原腸の背側の赤色部分）。さらに，原口の左右からも植物極側からも陥入が起こり，原口がペチャっとつぶれて円弧を描くような形になります。この原口で囲まれた部分は**卵黄栓**といい，原腸胚後期で，はっきりと観察できます。

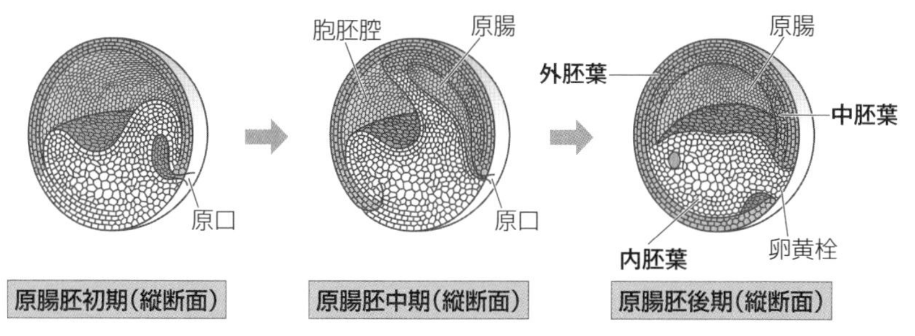

原腸胚初期（縦断面）　　原腸胚中期（縦断面）　　原腸胚後期（縦断面）

原口は将来の肛門になるということですね。

❸ 神経胚

原腸胚の背側の外胚葉は，しだいに平たくなり，**神経板**となり，後に脳や脊髄などの中枢神経系に分化する構造になります。神経板ができると，胚は**神経胚**とよばれるようになります。

神経板は，中央がくぼんで**神経溝**となり，神経溝の両側が盛り上がって繋がり，**神経管**となります。神経管の腹側に位置する中胚葉は**脊索**となり，その両側の中胚葉は**体節**，さらに**腎節**，**側板**となります。また，内胚葉は両側が盛り上がって繋がり，**腸管**（消化管）を形成します（下の図）。

「索」は，縄とか綱という意味の漢字で，縄のように細長い構造の名称によく使われる漢字ですよ。「軸索」など。

なるほど！　動きのイメージをつかむために，YouTube 動画でカエルの発生を見てみます！

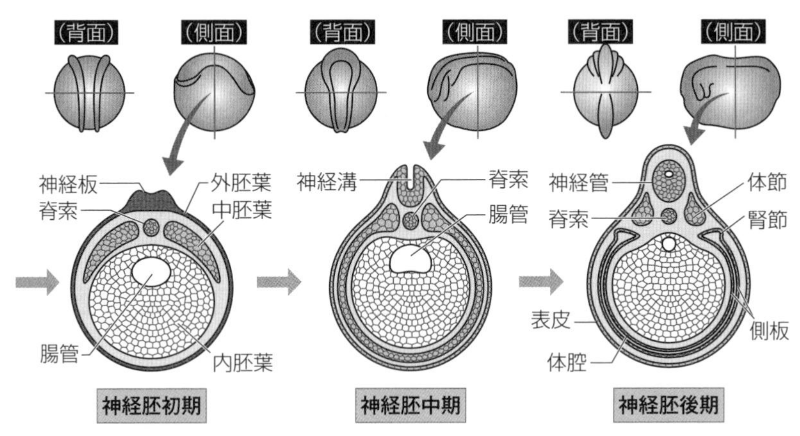

この 3 つの図は，すべて胚の中央付近の横断面図で，図の上側が背側になっています！

❹　尾芽胚から幼生

神経管ができると，胚の後端が伸びて**尾芽**という構造ができ，尾芽はやがて尾になります。この時期の胚が**尾芽胚**です。尾芽胚の終期になると，いよいよ泳ぎ出します！　ふ化です！

尾芽胚がふ化すると**幼生**になります。幼生は「おたまじゃくし」としておなじみですね。幼生になると口が開き，餌を食べて成長します。そして，後肢，前肢の順に形成され，尾が消え，成体のカエルへと変態します。変態の過程では，えら呼吸から肺呼吸に変わったり，主な窒素排出物がアンモニアから尿素に変わったりします。

次のページの尾芽胚の縦断面図も見ておきましょう！図の左側が頭側，上側が背側ですよ。

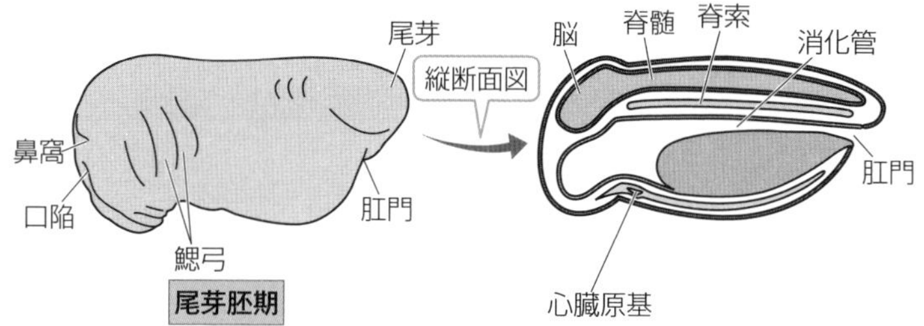

❺ 胚葉の分化

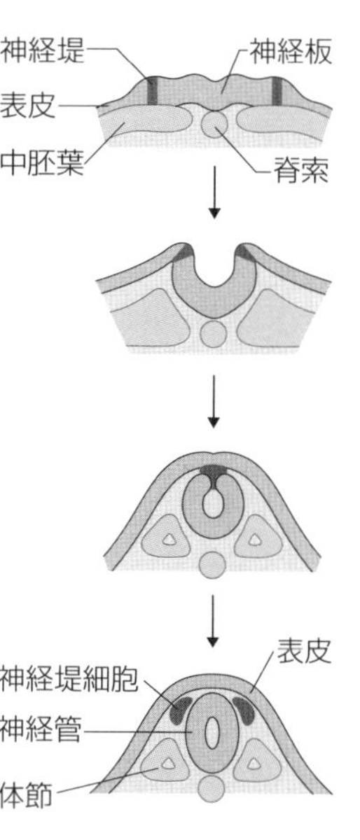

神経胚の外胚葉に注目！　神経板と表皮の間には**神経堤**（神経冠）という構造が生じます。神経堤細胞は神経管ができると，神経管と表皮の間に位置するようになります（右の図）。

その後，神経堤細胞は中胚葉の間を通ってさまざまな場所に移動します！　そして，交感神経，皮膚の色素細胞，副腎髄質の細胞などさまざまなものに分化します。

神経堤細胞は細胞どうしの接着に必要な**カドヘリン**というタンパク質をもたないため，細胞がバラバラと移動できるんですよ。

神経胚の各部位から何が生じるかについて，下の表にまとめておきます！

外胚葉	表皮	皮膚の表皮，水晶体，角膜
	神経堤細胞	交感神経，皮膚の色素細胞，副腎髄質の細胞
	神経管	脳，脊髄，網膜
中胚葉	脊索	退化する
	体節	骨格，骨格筋，皮膚の真皮
	腎節	腎臓，輸尿管
	側板	心臓，血管，血球，平滑筋
内胚葉		肺・気管の上皮，消化管の上皮，肝臓，すい臓，ぼうこう

第4章 生殖と発生

第４章　生殖と発生

ヒトのからだはどうつくられる？

1　ヒトの発生

カエルの発生はわかりましたが……，
ヒトの発生にはどんな特徴があるんですか？

じつは，分子レベルで見ると結構共通点があります。もちろん，
お母さんが妊娠して出産するという決定的な違いもありますね。

❶　受精卵ができるまで

ヒトの女性は，誕生したときすでに減数分裂が開始されており，卵巣には減数分裂を停止した**一次卵母細胞**が存在しています。思春期になると，約28日周期で性ホルモンの分泌が変化し，卵巣のなかの1個の一次卵母細胞が減数分裂を再開します。そして，**二次卵母細胞**になると排卵され，**輸卵管**に入ります。

卵細胞ではなく，二次卵母細胞を排卵するのですね。

二次卵母細胞は，輸卵管のなかで精子と出合うと受精し，減数分裂を完了します。そして，卵核と精核が合体してめでたく受精卵の完成です！

❷　受精卵からの初期発生

ほかの動物と同様に，受精卵は卵割を開始します。ヒトの場合，1週間ほどで**胚盤胞**（右図）という状態になります。カエルの胞胚に相当する時期です。胚盤胞の内部には後にからだをつくる**内部細胞塊**という細胞があり，表層は**胎盤**などになる**栄養芽層**（栄養外胚葉）といわれる細胞層からなります。胚盤胞は**子宮**へと移動して着床し，8週間ほどで胎児の形になります。

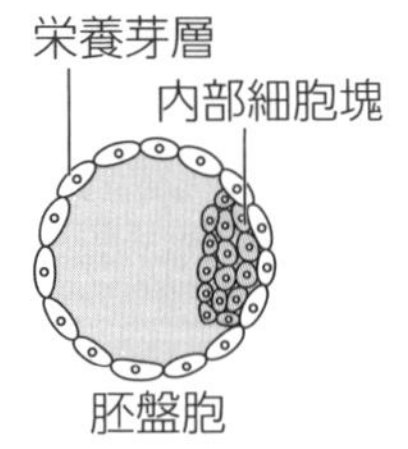

胎児は胎盤を通して母体から酸素や栄養分を与えられながら成長し，受精から平均すると9か月ほどで出産されます。

2　新しい研究（幹細胞をつくる）

❶　内部細胞塊から ES 細胞がつくられた！

内部細胞塊からわれわれのからだがつくられるということは，内部細胞塊はからだのあらゆる種類の細胞に分化する能力(**多分化能**)をもっていることになります。内部細胞塊の多分化能と分裂能を維持した状態で培養できる細胞として確立されたものが **ES 細胞**（胚性幹細胞）です。ES 細胞をさまざまな条件で培養すると，さまざまな細胞に分化します。うまく培養して皮膚細胞や肝細胞をつくれば皮膚移植や肝細胞移植に使えるかもしれません。このように，欠損した組織に対して，特定の細胞をつくって移植することなどによってその機能を回復させる医療行為を**再生医療**といいます。

夢のような医療行為に感じられます！

もちろんすごいことなんですが，ES 細胞をつくるためには胚盤胞から内部細胞塊を取り出す必要があります。ヒトとして誕生してくるはずの胚を壊し，内部細胞塊を取り出してよいのかという倫理的な問題が指摘されています。

❷　そして，iPS 細胞がつくられた！

山中伸弥(やまなかしんや)は，ES 細胞で発現している遺伝子の中から，多分化能と分裂能をもつ細胞として必要な遺伝子を特定しました。そして，それらを皮膚の細胞に導入して発現させることで，ES 細胞と同様の多分化能をもつ細胞をつくり，**iPS 細胞**（人工多能性幹細胞）と名付けました。

iPS 細胞は体細胞に遺伝子導入してつくられるんですね！

iPS 細胞は，胚の破壊などを行わずに患者の体細胞からつくることができるので，倫理的問題や移植のさいの拒絶反応の問題も回避できます。また，難病の患者から iPS 細胞をつくり，病気の原因の解明や薬の開発の研究などもされています。現在，iPS 細胞のつくり方も改良され，より高い確率で安全な iPS 細胞をつくれるようになりました。また，iPS 細胞をつくるために要する時間の短縮やコストの削減についての試行錯誤も進められています。

第4章 生殖と発生

第４章　生殖と発生

からだをつくるしくみ

1　体軸の決定

多くの動物のからだには，背腹・左右・前後の方向があります。

腹側が前側ですよね？

ヒトの場合は腹側に向かって歩いていくから，腹側が前側に思えるでしょうか？　多くの動物は頭側に向かって進むから，頭側が前側ですよ。

からだの方向のことを**体軸**(たいじく)といい，背腹軸，左右軸，前後軸の3つの体軸があります（下の図）。

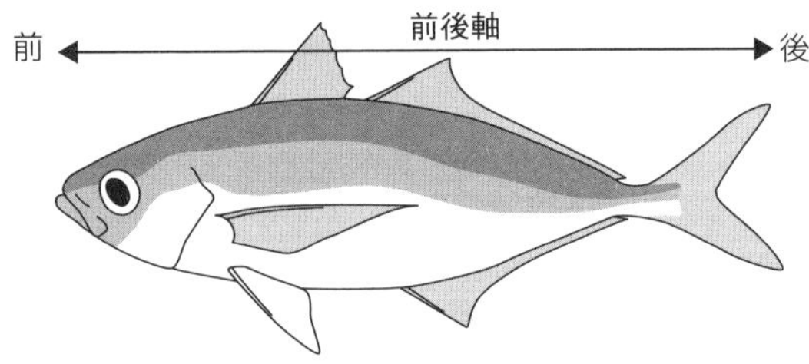

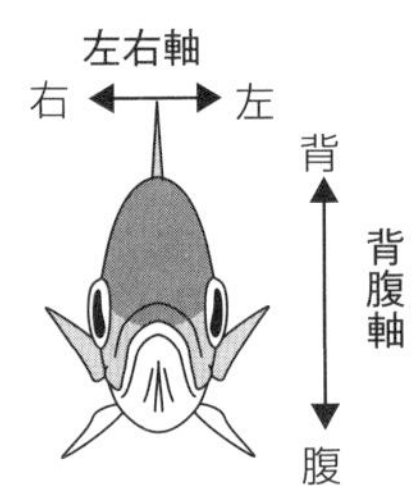

❶　カエルの背腹軸の決定

からだの向きってどうやって決まるんでしょう？
そんなの考えたことなかったです！

体軸の決定には卵の細胞質基質に蓄えられているタンパク質や mRNA がかかわります。このように，卵に蓄えられ，発生に影響を及ぼす物質を**母性因子**(ぼせいいんし)といいます。せっかくカエルの発生を学んだばかりですので，カエルにおける体軸決定のしくみから説明します。

カエルの背腹軸は，精子が進入する位置によって決まります。カエルの卵の内部の細胞質全体には**βカテニン**というタンパク質のmRNAが，表層の細胞質の植物極付近には**ディシェベルド**というタンパク質があります。ディシェベルドはβカテニンの分解を抑制します。

精子が進入すると，表層細胞質が約30°回転して灰色三日月環（はいいろみかづきかん）が生じます。このとき，ディシェベルドも灰色三日月環の部分に移動します（下の図）。

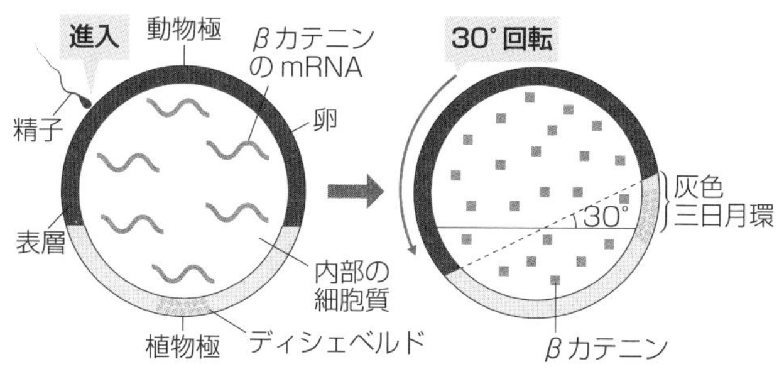

表層回転が起こる時期には，合成されたβカテニンが全体に分布していますが，ディシェベルドの存在しない部分では酵素によって分解されてしまいます。その結果，βカテニンは背側に局在する状態になります（右の図）。

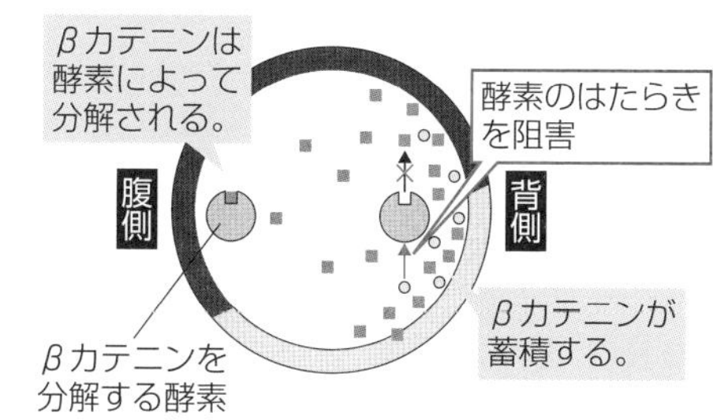

βカテニンのある側が背側になる，ということなんですね！

そのとおりです。βカテニンは転写調節タンパク質としてはたらき，背側に特徴的な遺伝子（**ノーダル遺伝子**や**コーディン遺伝子**など）の発現を促進することで，脊索や神経管といった背側の構造の形成を引き起こします。

どうも，ショウジョウバエです。僕の前後軸の決定も重要だよ！

❷ ショウジョウバエの前後軸の決定

ショウジョウバエの卵の前端には**ビコイド**mRNAが，後端には**ナノス**mRNAが蓄積しており，受精後に翻訳されます。ショウジョウバエの卵割は核分裂が先行するので，しばらくの間，細胞は1個のままであり，合成されたビコイドとナノスが拡散して濃度勾配を形成します。

ビコイドとナノスは転写調節タンパク質としてはたらき，それぞれの濃度に応じて特定の遺伝子の発現を調節することで，前後軸に沿って何が形成されるかを決定しています。

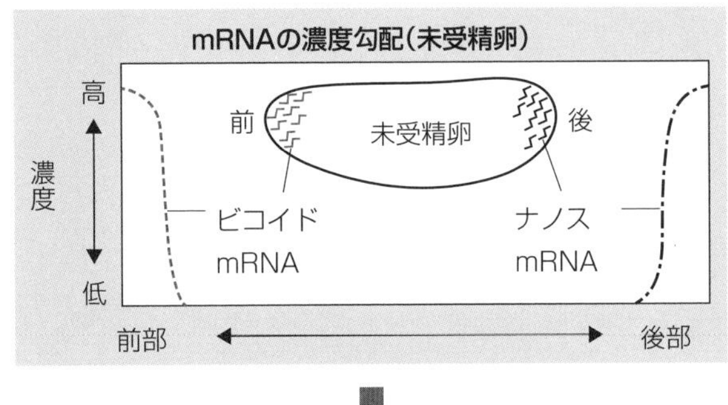

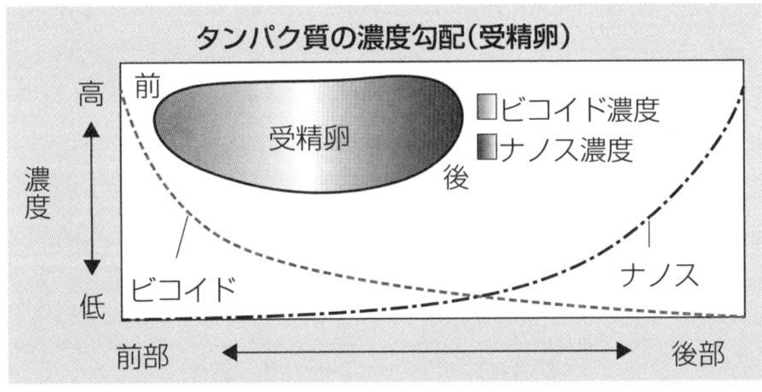

ビコイド遺伝子やβカテニン遺伝子のように，母性因子として母親の体内で合成されたmRNAが卵に蓄えられるような遺伝子を**母性効果遺伝子**（ぼせいこうかいでんし）といいます。

2　胚葉の誘導

複雑な器官の分化には誘導がかかわることが多いんですよ。

難しいですか？

いやいや，難しくはありません。楽しいですよ！ 楽しいですよね？

なんだか，誘導されている気がします……

胚の特定の領域が隣接するほかの領域に作用し，その領域の分化の方向を決定する現象を**誘導**といいます。

❶　中胚葉誘導

カエルの胞胚を右の図のように切り分けます。領域Aだけを培養すると外胚葉が分化し，領域Bだけを培養すると内胚葉が分化します。しかし，領域Aと領域Bを組み合わせて培養すると，領域Aから中胚葉が分化します！

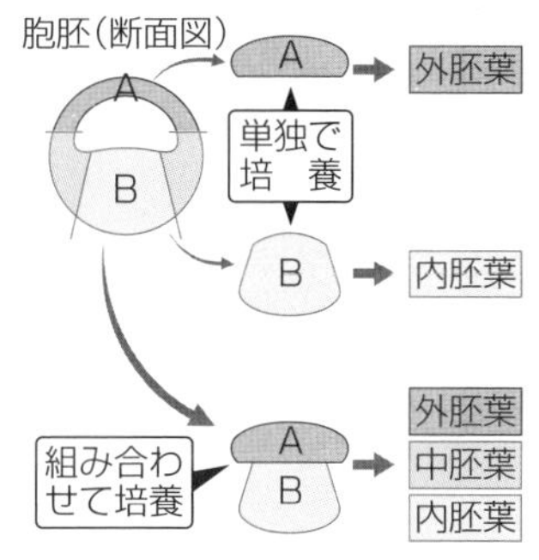

領域Bが領域Aを中胚葉に誘導したんですよ！

この誘導は**中胚葉誘導**といって，カエルの発生で最初に起こる誘導です。これは植物極側の領域Bから動物極側へと移動する***ノーダル***（⇒ p.101）というタンパク質によって起こります。

さっき教わったノーダルですか？

そのとおり！ 高濃度のノーダルは背側中胚葉（←脊索）を，低濃度のノーダルは腹側中胚葉（←側板）を分化させます。

中胚葉誘導によって生じた背側中胚葉は，原腸胚期になると陥入し，背側外胚葉の裏側に位置するようになります（次のページの図）。

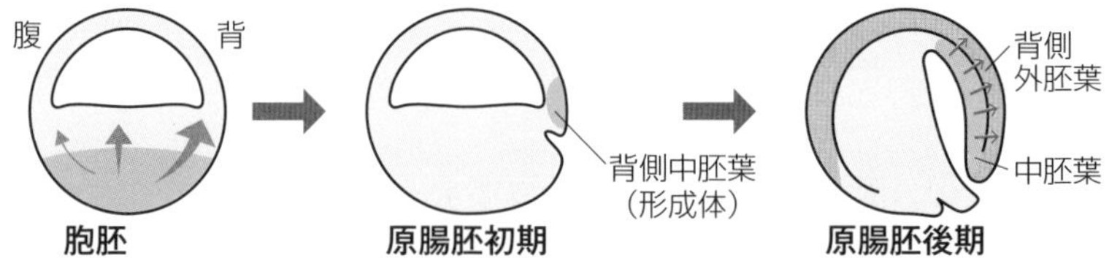

背側中胚葉は接している背側外胚葉を神経に誘導するんです！

中胚葉誘導で生じた中胚葉が，外胚葉を神経に誘導するんですね。

そうです。このように，誘導によって生じたものがさらに次の誘導をする現象を**誘導の連鎖**（ゆうどうのれんさ）といい，誘導する能力をもった領域を**形成体**（けいせいたい）といいます。

❷ 神経誘導

神経を分化させる誘導である**神経誘導**（しんけいゆうどう）には，形成体（＝背側中胚葉）から分泌されるタンパク質（←コーディンなど）がかかわっています。ちょっとややこしいんですが……。

外胚葉の細胞の本来の運命は神経で，
外部から何の影響も受けなければ神経に分化するんです。

しかし，初期胚の外胚葉細胞の BMP 受容体には **BMP** というタンパク質が結合しており，神経に分化するための遺伝子の発現が抑制されているので，外胚葉を単独で培養すると，表皮に分化します（下の左図）。

形成体から外胚葉に対して誘導物質（ノギン，コーディンなど）が分泌されます。これらの誘導物質は，BMP が受容体に結合することを阻害するタンパク質です。よって，形成体からの誘導を受けると，BMP が外胚葉細胞の受容体に結合できなくなり，神経に分化するための遺伝子の発現が促進され，神経に分化します（下の右図）。

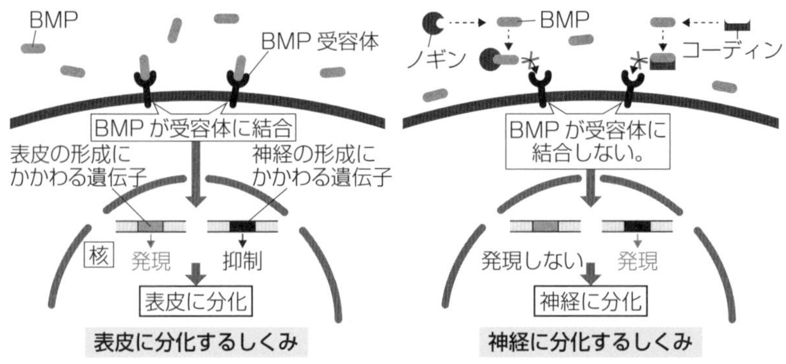

表皮に分化するしくみ　　神経に分化するしくみ

神経になるのを阻害するBMPのはたらきを阻害することで，神経になることを促進するんです。

❸ イモリの眼の形成における誘導の連鎖

誘導について，もう1つ重要な例を紹介します。それは……「眼の形成」です！　神経誘導によって生じた神経管の頭側は脳になり，脳の一部が左右に膨らんで，**眼胞**が生じます。眼胞はその先端がくぼんで**眼杯**となります。眼胞や眼杯は，接している表皮から**水晶体**を誘導するとともに，自身は**網膜**に分化します。誘導によって生じた水晶体は形成体として，接している表皮から**角膜**を誘導します。

眼杯は，英語で optic cup。日本語では杯，英語ではカップ！形から名前がついているんですね。

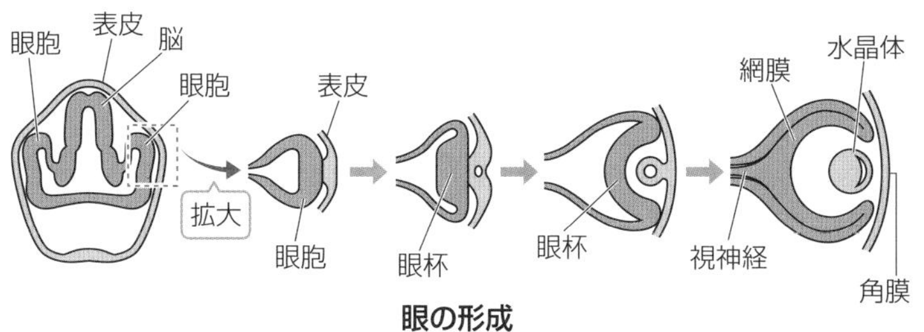

眼の形成

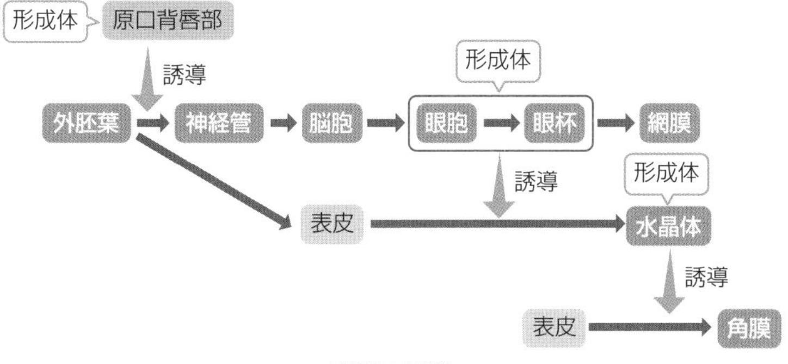

誘導の連鎖

「なるほど～！　すごいなぁ！」って感動しましたか？

難しいけど，おもしろいです。

3　プログラム細胞死

動物の発生の過程では，一部の細胞が死ぬことによって器官が形成されることがあります。この細胞死は，あらかじめプログラムされた**プログラム細胞死**といわれるものです。

一部の細胞が死ぬことで，器官が正常に形成されたり，個体を健全に保ったりすることができるんですよ！

プログラム細胞死の多くの場合で，細胞は**アポトーシス**という細胞死を行います。アポトーシスというのは，細胞が正常な形態を維持したまま DNA が断片化され，周囲の細胞に影響を与えない（＝炎症などを起こさない）ように死んでいく細胞死のことです。

「apo-」は離れる，
「-ptosis」は下降するという意味です。

細胞が死んで落ちていくイメージなんですかね……。
プログラム細胞死にはどんな具体例があるんですか？

たとえば，ヒトやマウスの手足の指の発生過程で，水かきにあたる部分の組織がアポトーシスにより消失し，指が形成されます！　右の図の灰色の部分がアポトーシスを起こす部分ですよ。

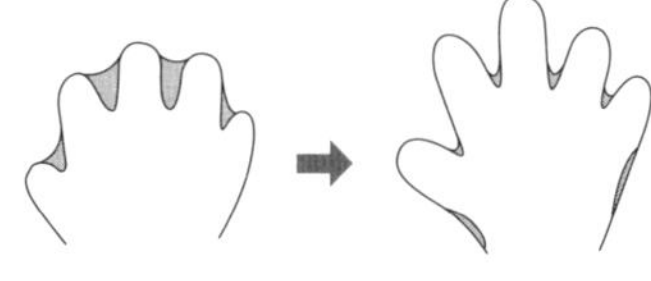

あとは，オタマジャクシの尾が消えて成体になるさい，尾の細胞がアポトーシスを起こします。

第5章 生物の体内環境

～からだのなかの環境は巧みに安定に保たれています～

日常生活を送るなかでほとんど意識することはありませんが，われわれの体液の状態は常に変動しつつも一定範囲内に保たれています。体液の状態が変化するとからだに不都合が生じることが多く，**「やばいよ，やばいよ～！」**というさまざまなシグナルを出します。

たとえば，血糖濃度（血糖値）が低下すると**「お腹が空(す)いた！」**という感覚になりますし，血液の塩分濃度が上昇すると**「喉(のど)が渇いた！」**という感覚になります。血糖濃度が低下した場合にはアドレナリンなどのホルモンによって血糖濃度を上昇させることもできますが，**「お腹が空いた！」**という感覚が生じ，おやつを食べたりご飯を食べたりすれば血糖濃度が上昇しますね。

体液中に病原体がいて，これを白血球が取り込むとその部分で炎症が起こります。熱をもったり痛みが生じたりする感覚ですね。いやな感覚ですが，炎症が起こることで効率的に病原体の排除が可能となる，必要なしくみです。炎症が起きているときはつらいですが，**「免疫細胞が頑張ってはたらいてくれているな！」**と感じられます。

第５章では，自分の感覚としてとらえにくい現象を多く扱います。しかし，読み進めていくと自分のからだのなかで起こっている現象が見えてきます。ちょっと，健康に対する意識が高まるかもしれません。**「明日から野菜もちゃんと食べよう！」**とか**「ちょっとお酒の飲みすぎは避けよう！」**とか，理解することでそんな健康的な気持ちが芽生えたらいいですね。

第５章　生物の体内環境

体液のはたらき

生物のからだの外の環境が体外環境！ 体液が体内環境！

体内環境は，体内の環境という意味じゃないのかな……？

❶　体内環境と体外環境

体内環境とは，**体液**のことです。「体内の環境」っていってしまうと……，「細胞の中はどうするんだ？　消化管の中はどうなんだ？」となってしまうので，正確に，「体内環境＝体液」です！　細胞にとっての環境というイメージです。

そもそも，体液って何かわかりますか？　体液は，血管内の**血液**，組織の細胞間の**組織液**，リンパ管内の**リンパ液**の３つに分けられます。

だから，汗とか尿とか消化液（←だ液，胃液など）は体液ではありませんよ！

体外環境は絶えず変化します。しかし，動物はさまざまなしくみを駆使して体内環境を安定に保ち，生命を維持する性質をもっており，これを**恒常性**(ホメオスタシス)といいます。

暑くても寒くても体温は約37℃に保たれていますし，食事によって一時的に血糖濃度が上がっても，ホルモン(⇒ p.123) などによりもとに戻せますね！

❷　血液

血液についての正しい知識を学んで，
怪しい似非健康法にだまされないようにしましょう！

血液は液体成分である**血しょう**と有形成分である**赤血球**，**白血球**，**血小板**からなります。血しょうの質量は血液の質量の約55% を占めていて，血しょうはグルコースなどの栄養分，尿素や二酸化炭素，ホルモン，ナトリウムイオンなどのイオン，**アルブミン**(⇒ p.116) などのさまざまなタンパク質，老廃物を溶かして運搬しています。

下の図は，ヒトの体液におけるイオン組成のグラフです！

体液に溶けているイオンは，ナトリウムイオン(Na^+)，塩化物イオン(Cl^-)が多いんです。大雑把にいうと，「体液はおいしいなぁ♥　と感じるスープのような濃度の食塩水」っていうイメージですね。

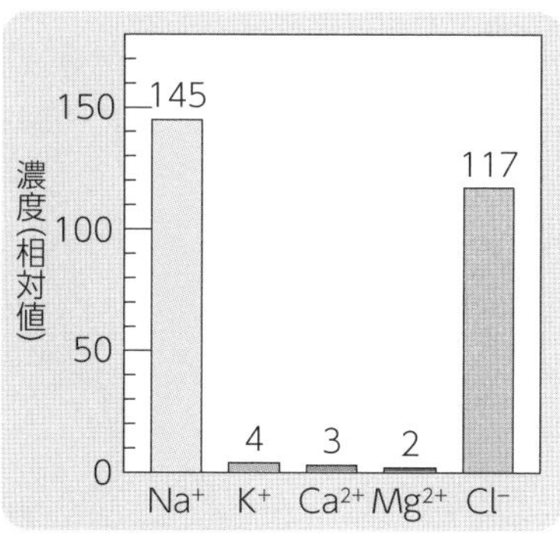

血液の有形成分と血しょうの特徴とはたらきを，下の表にまとめました！

有形成分	核の有無	数（個 /mm^3）	主なはたらき
赤血球	なし	400 万～ 500 万	酸素の運搬
白血球	あり	4000 ～ 8000	免疫
血小板	なし	10 万～ 40 万	血液凝固
液体成分	構成成分		はたらき
血しょう	水（約 90%），タンパク質（約 7%），グルコース（約 0.1%）		物質などの運搬

血液 1mm^3 に 500 万個……，赤血球の数がものすごく多いですね！

有形成分は，どれも**骨髄**にある**造血幹細胞**からつくられます。

ヒトの赤血球は核をもたず，細胞内に多量の**ヘモグロビン**というタンパク質を含み，酸素を運搬しています。古くなった赤血球は，**脾臓**や**肝臓**(⇒ p.115)で壊されます。

hemo は「血液」という意味ですよ。たとえば…hemorrhage は「出血」という意味の英語！　ヘモグロビンは赤血球に含まれる赤い色のタンパク質ですね。

白血球は「核をもち，ヘモグロビンをもたない有形成分の総称」と定義されています。主に**免疫**に関与するので，「4　免疫」(⇒ p.133) で詳しく扱います！

血小板は**血液凝固**(⇒ p.114)において，重要な役割を果たします。

❸ 体液の循環

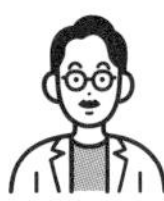

下の図は，ヒトの体液循環の模式図です。
ときどき……，この図を眺めてみてくださいね！

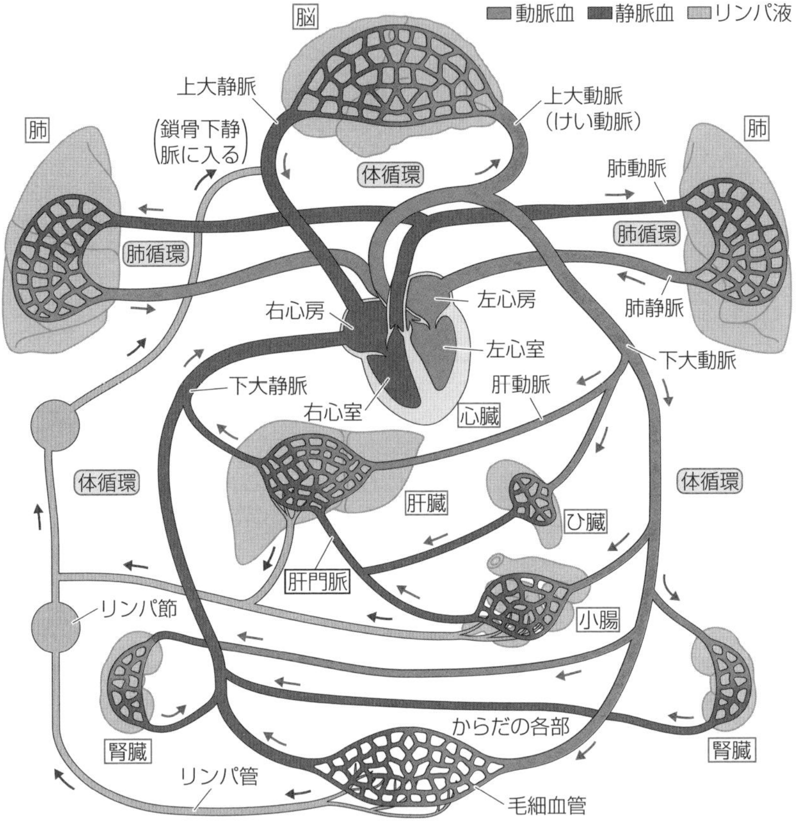

動脈血
静脈血
リンパ液
脳
上大静脈
上大動脈
(けい動脈)
(鎖骨下静脈に入る)
肺
肺
体循環
肺動脈
肺循環
肺循環
肺静脈
右心房
左心房
左心室
下大動脈
下大静脈
右心室
肝動脈
心臓
体循環
体循環
肝臓
ひ臓
肝門脈
リンパ節
小腸
からだの各部
腎臓
腎臓
リンパ管
毛細血管

肝門脈には静脈血が流れる……，
リンパ管にはところどころに**リンパ節**がありますね！

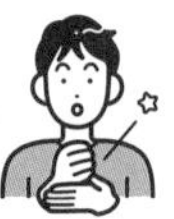

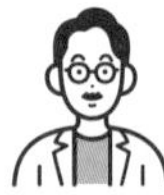

肺動脈を流れている血液は……静脈血です。注意してくださいね！

心臓から送り出された血液は**動脈**を，心臓に戻る血液は**静脈**を流れますね。そして，動脈と静脈をつないでいる血管が**毛細血管**です。

毛細血管では血しょうの一部が浸み出して組織液となり，組織液が毛細血管に戻って血しょうになります。この過程で，組織の細胞への栄養分の供給や，細胞から老廃物の回収を行っているんです。

動脈，静脈，毛細血管がどのような構造をしているのか，下の図で確認しましょう！

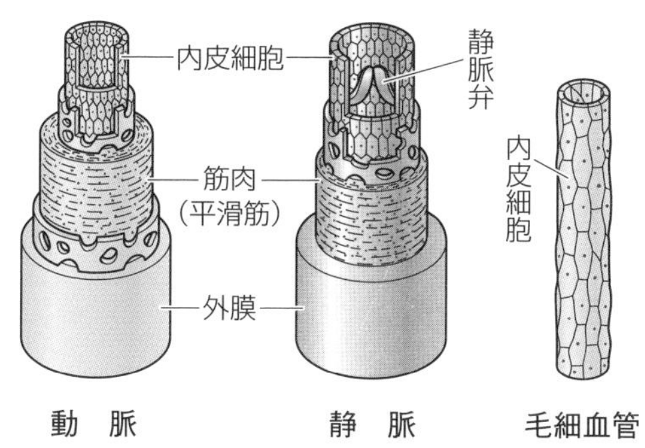

動脈は心臓から送り出された血液が流れ，血管壁に強い圧力がかかるので，筋肉の層が発達した丈夫な構造をしています。ですので，静脈よりも血管壁が厚いという特徴があります！

静脈は心臓に戻る血液が流れ，逆流を防ぐための**弁**があります。そして，毛細血管は一層の内皮細胞からなります。

110 ページの図にある，肝門脈はどの血管にあたるんですか？

いい質問ですね！

「門脈」というのは，毛細血管ではさまれた太い血管なんです！　**肝門脈**は，小腸やひ臓の毛細血管と肝臓の毛細血管にはさまれている太い血管です。

じつは……，毛細血管のない血管系をもつ動物がいるんですよ！

やぁ，バッタ君！ そうそう，君の出番だよ！ 昆虫などの節足動物や貝などの多くの軟体動物の血管系には毛細血管がなく，動脈の末端から出た血液が細胞間を流れます。このような血管系を**開放血管系**といいます。

これに対して，僕たち脊椎動物などの血管系は毛細血管をもち，血液は血管内のみを流れていますね。このような血管系は**閉鎖血管系**といいます。

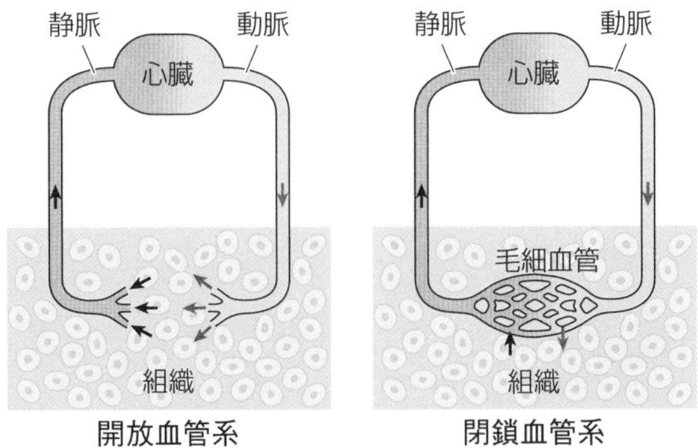

リンパ液……，リンパ管……，「リンパ」って，ときどきテレビなんかで耳にしますね。

組織液の多くは毛細血管に戻るんだけれど，一部はリンパ管に入ってリンパ液になります。リンパ液はリンパ管を通ったあとに**鎖骨下静脈**（さこつかじょうみゃく）で血液に合流します。つまり，リンパ液は最終的には血液に戻るんです。リンパ管には所々に**リンパ節**があり，「免疫」（⇒ p.133）にかかわる細胞が多く存在し，リンパ液中の病原体などを除去しています。下の図のように，リンパ管も静脈と同様に弁がついていて，リンパ液が一方向に流れるようになっています！

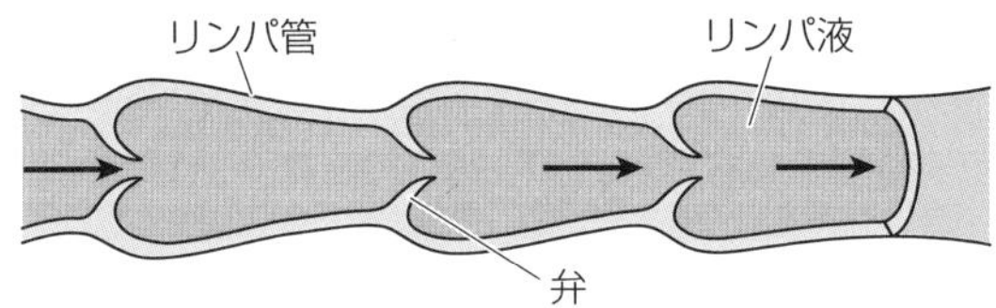

❹ 心臓の構造

心臓は英語で heart，フランス語では coeur，焼き鳥屋さんで頼むときは「ハツ！」ですね。

心臓は心筋という特殊な筋肉でできていて，休みなく収縮と弛緩（しかん）をくり返すことで血液を循環させています。

血液は静脈から心房に入り，心室から動脈へと出ていきます。心房と心室の間，心室と動脈の間には弁があるので，逆流することなくスムーズに血液を流しています（次のページの図）。

血液の流れる経路は次のとおりです！

大静脈→右心房→(弁)→右心室→(弁)→肺動脈→ 肺 →肺静脈　　→は静脈血
→左心房→(弁)→左心室→(弁)→大動脈→ 全身 →…　　→は動脈血

なお，大静脈と右心房の境界の部分には，**洞房結節**（とうぼうけっせつ）（**ペースメーカー**）とよばれる特殊な場所があり，この部分の心筋が自動的に周期的な電気信号を発して，これにより心臓が一定のリズムで収縮しています！　心臓はからだの外に取り出しても，しばらく動き続けられますが，これは洞房結節のはたらきのおかげなんですね。

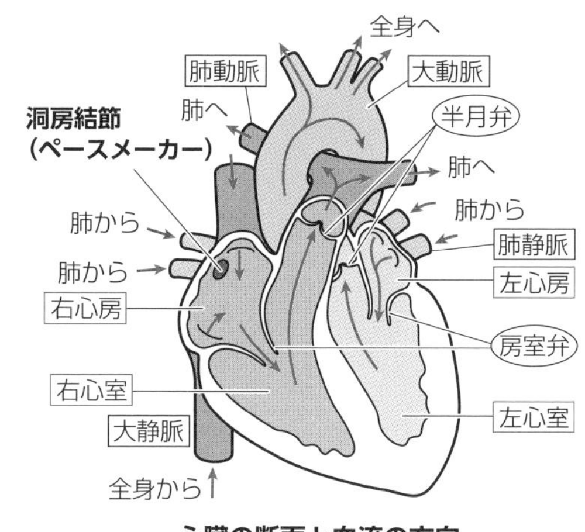

心臓の断面と血流の方向

さて，クイズです！

左心室と右心室とでは，どちらのほうが内圧が高いと考えられますか？

……!!　左心室っ！　だって，肺に血液を送り出すより全身に血液を送り出すほうが，大きな力が必要でしょ!?

発想がすばらしいですね。そのとおりなんです。その証拠に，左心室の筋肉のほうが右心室より厚いでしょ!?　というわけで，左右の心室の間の壁に穴があいてしまった場合，血液は圧力の高い左心室から右心室へと流れてしまいますね。

❺ 血液凝固

ケガをして出血してしまっても，傷が小さければカサブタができて止血できますよね？

最近では，カサブタをつくらないで傷を治すような絆創膏も売られていますよ！

……まぁそうだけど……。
その絆創膏（←商品名はいえません）を使わず，何も使わずに…，自然に傷を治すしくみを説明しますね（汗）

血管が傷ついて出血すると，血小板が傷口に集まって塊をつくります。そして，血小板は凝固因子を出して**フィブリン**という繊維状のタンパク質をつくります。

フィブリン（fibrin）の語源は fiber（繊維）です。
そのまんまの名前ですから覚えやすいですね！

フィブリンは網状になって血球を絡めて**血ぺい**という塊をつくり，これが傷口をふさぐことで出血が止まります。この血ぺいが乾いて固まったものが「カサブタ」です。

血液凝固は採血した血液を試験管に入れて静置した場合などにも起こり，このとき血ぺいは沈殿します。上澄みの薄い黄色の液体を**血清**といいます。

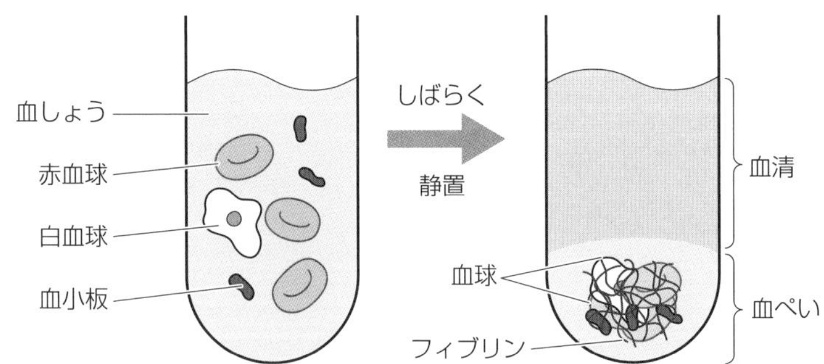

傷口をふさいでいた血ぺいは，そのあとどうなるんですか？

傷ついた血管が修復される頃になると，血ぺいはフィブリンを分解する酵素のはたらきによって溶解します。この現象を**線溶**（フィブリン溶解）といいます。

肝臓と腎臓は肝腎な臓器

1　肝臓

ところで，肝臓はどこにあるか，知っていますか？

えっ……，右の脇腹のあたりです……よね？（汗）

❶　肝臓の構造

下の図は，左はヒトを正面から見た場合の臓器の位置関係を示した図で，右は肝臓の基本構造である**肝小葉**（かんしょうよう）（←肝臓に約50万個あります！）の断面図です。肝臓の項目を読み終えたら，もう一度この図を見直してくださいね。

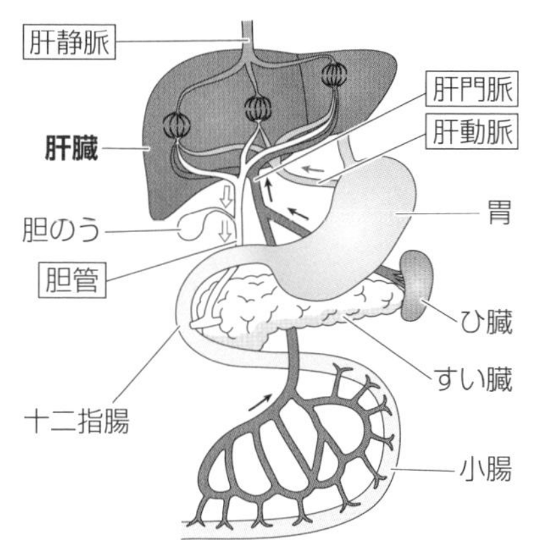

臓器の位置関係

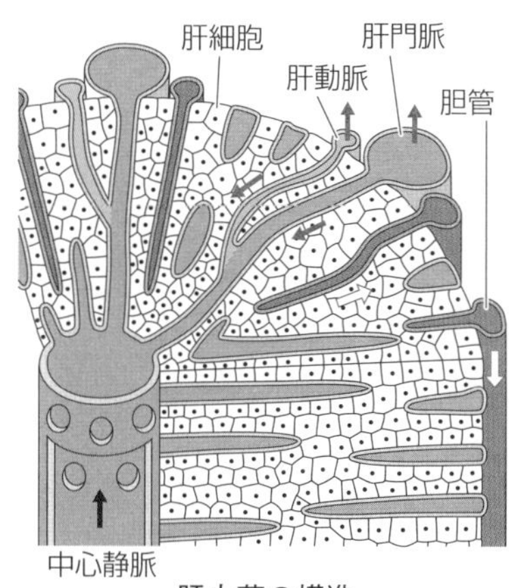

肝小葉の構造

肝臓は成人で1.2～2.0kgもあり，体内で最大の内臓器官です。肝臓には**肝動脈**と**肝門脈**（⇒ p.111）から血液が流入し，**肝静脈**から血液が流出します。

肝動脈や肝門脈は枝分かれして毛細血管になり，肝小葉の中を流れて，中心静脈に集まります。そして，ほかの肝小葉の中心静脈と合わさって肝静脈になります。

肝門脈のほうが肝動脈より太いんです。肝臓に流入する血液量は，肝門脈のほうが肝動脈の約4倍も多いんですよ！

❷ 肝臓のはたらき

肝臓は「からだの万能化学工場」とよばれることもあるくらいさまざまなはたらきをもっていますよ！

肝臓のはたらきのなかで重要なものを挙げていきます。肝臓の重要なはたらき TOP7の発表!!　キリがよくないのですが……。

❶血しょう中に含まれるさまざまなタンパク質の合成

アルブミンや血液凝固にかかわるタンパク質など，さまざまな血しょう中のタンパク質を合成する。

アルブミンの語源は「albumen(卵白)」です。卵の白身に含まれるタンパク質の多くが，アルブミンです！

アルブミンはさまざまな物質をくっつけて，血液の流れに乗ってそれらを運搬しています。

❷血糖濃度(⇒ p.126)の調節

血液中のグルコースは肝門脈から肝臓に入り，肝細胞内で**グリコーゲン**に変えて貯蔵する。また，血糖濃度の低下時にはグリコーゲンを分解してグルコースをつくったり，タンパク質からグルコースをつくり(←タンパク質の糖化)，生じたグルコースを血液中に放出したりして，血糖濃度を調節する。

❸解毒作用

アルコールや薬物などを，酵素によって分解処理する。

❹尿素の合成

アミノ酸を分解したさいに生じる有害なアンモニアを，毒性の低い**尿素**に変える。

❸はお酒を飲み過ぎて肝臓が……，というやつですね。

そうそう！　僕も飲みすぎには気をつけないと……。
❹の尿素の合成は，「解毒」の超重要な例ですね。

❺胆汁の生成

胆汁は**胆管**を通して十二指腸に分泌され，脂肪の消化を助ける。

❻古くなった赤血球の破壊

赤血球の分解産物は，胆汁中に排出される。

❼発熱

さまざまな代謝により発熱し，体温の保持にかかわる。

胆汁については説明を追加します！

胆汁には胆汁酸が含まれ，これが小腸での脂肪の消化・吸収を促進します。胆汁は，いったん**胆のう**に貯められ，食物が十二指腸に達すると放出されます。また胆汁には，肝臓の**解毒作用**によって生じた不要な物質や，ヘモグロビンを分解して生じた**ビリルビン**とよばれる物質などが含まれています。

ビリルビンは強い褐色の色素なんです！　ビリルビンの多くはそのまま腸を通って……，体外に出ていきます。
これが「う●ち」の基本カラーになるんです。

2 腎臓

❶ 腎臓の構造

下の腎臓の断面図を見てください。腎臓の形……，何かに似ていると思いませんか？

えっ!?　えぇ～っと……, 私の家のテーブルがこんな形してます！

まぁ，そうなのかもしれないけど……。
豆！　豆の形に見えませんか？
腎臓は英語で kidney，インゲンマメは英語で kidney bean です！
腎臓みたいな形のマメってことですね。

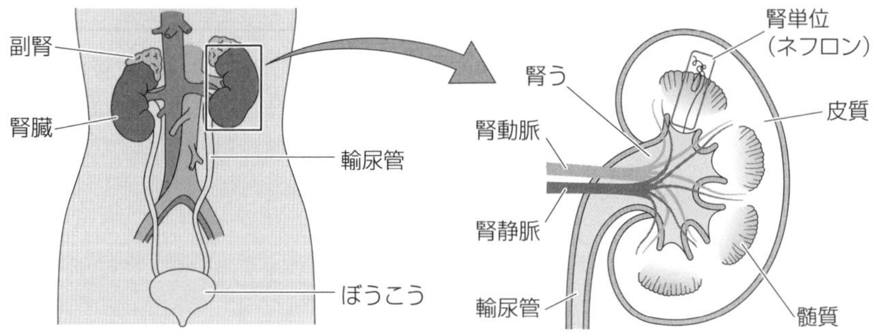

腎臓は腹部の背側の左右に1対存在する臓器で，尿をつくっています。右半身には肝臓があるので，右側の腎臓のほうがちょっと下にあります。腎臓には**腎動脈**(じんどうみゃく)，**腎静脈**(じんじょうみゃく)，**輸尿管**(ゆにょうかん)が繋(つな)がっています。腎臓は皮質(ひしつ)，髄質(ずいしつ)，**腎う**という3つの部分から構成されていて，つくられた尿は腎うに溜(た)められ，輸尿管によって**ぼうこう**に運ばれます。

腎動脈は腎臓に入ると枝分かれし，下の図のように毛細血管が球状に密集した**糸球体**となります。糸球体は**ボーマンのう**に包まれており，両者を合わせて**腎小体**といいます。

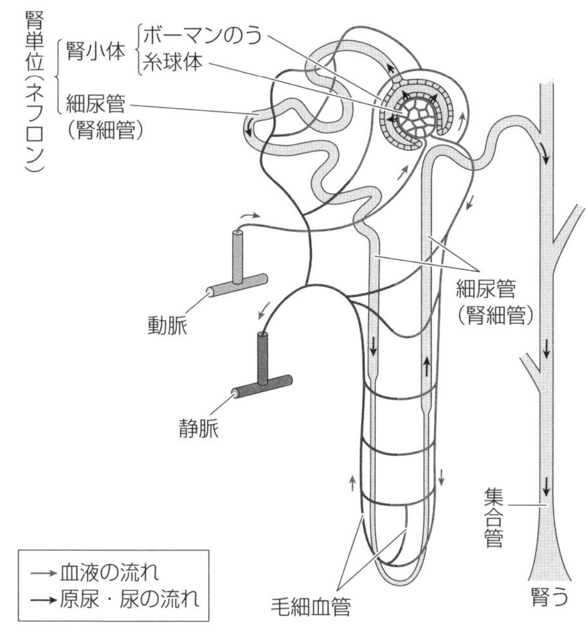

「のう」は袋という意味ですよ！　ボーマンさんによって発見された袋だから，ボーマンのうといいます。

ボーマンのうは**細尿管**（腎細管）という管に繋がっており，細尿管が多数集まって**集合管**になり，腎うに繋がります。腎小体と細尿管を合わせて**腎単位**（ネフロン）といい，これが腎臓の構造の基本単位で，1つの腎臓には腎単位が約100万個あります。腎単位は腎臓の皮質と髄質にかけて存在しています！　よ～く上の図を見ておいてくださいね。

細尿管が一度腎うのほうに行って……，Uターンして……，集合管へと集まり腎うのほうへ向かっていくんですね！！

尿生成の流れは何度か確認してみましょう。

❷ 腎臓のはたらき（尿生成）

腎臓ではどうやって尿をつくるんですか？

ろ過，**再吸収**という 2 つのステップでつくります。順番に学びましょう！

❶ ろ過

糸球体は血管が細く，血圧がとても高くなっています。この血圧によって血しょうの一部がボーマンのうへと押し出されます。このプロセスを**ろ過**，ボーマンのうへ押し出された液体を**原尿**といいます。

なお，血球は大きいのでボーマンのうへろ過されません。また，タンパク質も分子が大きいのでろ過されません。それ以外の水，Na^+，グルコース，尿素などはろ過されます。

ろ過される物質の濃度は，血しょう中と原尿中で同じとみなすことができます。

原尿にはグルコースや Na^+ といった必要な物質も多く含まれていますね。

そのとおり！　だから，必要な物質は血液に戻します！このプロセスが次の再吸収です。

❷ 再吸収

原尿は，細尿管から集合管へと流れていきます。このとき，からだに必要な物質（水，Na^+，グルコースなど）は細尿管を取り巻く毛細血管へと**再吸収**されます。さまざまな物質を再吸収しながら細尿管を通過した原尿は集合管に入り，ここでさらに水が再吸収されて尿が完成します。

細尿管では水やさまざまな物質が，集合管ではさらに水が再吸収されるんですね！　知らなかったぁ～。

どの程度再吸収されるかは物質ごとに異なります。からだに必要な物質は高い割合で再吸収されますが，老廃物などはあまり再吸収されません。また，**ホルモン**によって再吸収が調節されるものもあります(⇒ p.126)。下の図は尿生成のしくみを表す模式図です！

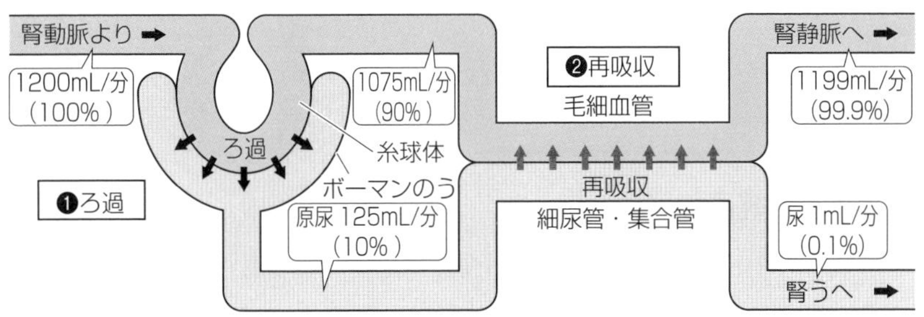

尿生成に関係する重要な指標の1つが**濃縮率**です！ 濃縮率は注目している物質について，次式で表されます。

$$\textbf{濃縮率} = \frac{\textbf{尿中濃度}}{\textbf{血しょう中濃度}}$$

濃縮率は，尿生成の過程で濃度が何倍になったか，ということです。老廃物はあまり再吸収されずに尿中に排出されますから，濃縮率が大きな値になりますね。

第5章　生物の体内環境

体内環境を安定に保つ

自律神経は autonomic nerves です。autonomy は「自治」っていう意味ですね。意識に支配されず，勝手にはたらいてくれる神経というニュアンスです。

❶ 自律神経系

私たちの**体内環境**(⇒ p.108)は**自律神経系**と**内分泌系**が協調してはたらくことで調節されています。

自律神経系には**交感神経**と**副交感神経**があり，**間脳**の**視床下部**に支配されています。交感神経は活動時や興奮時に，副交感神経は食後や休息時などのリラックスしたときにはたらき，両者は拮抗的にはたらきます。

右のイラストは，交感神経のはたらきのイメージを表現した図ですよ！

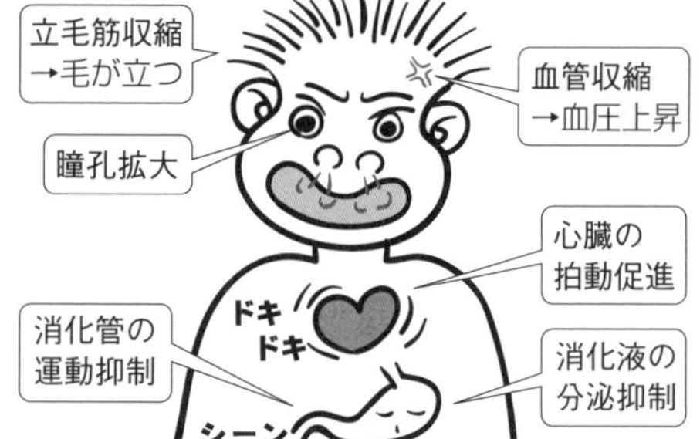

なかなかヤバいイラストですが……，イメージはよくわかりました。

イメージをつかんだところで，交感神経と副交感神経のはたらきを確認してみましょう！

対象となる器官	交感神経	副交感神経
ひとみ（瞳孔）	拡大	縮小
心臓の拍動	促進	抑制
気管支	拡張	収縮
消化管の運動	抑制	促進
ぼうこうの運動（排尿）	抑制	促進
立毛筋	収縮	分布していない

下の図を見たことがありますか？

とても複雑な図ですね……。

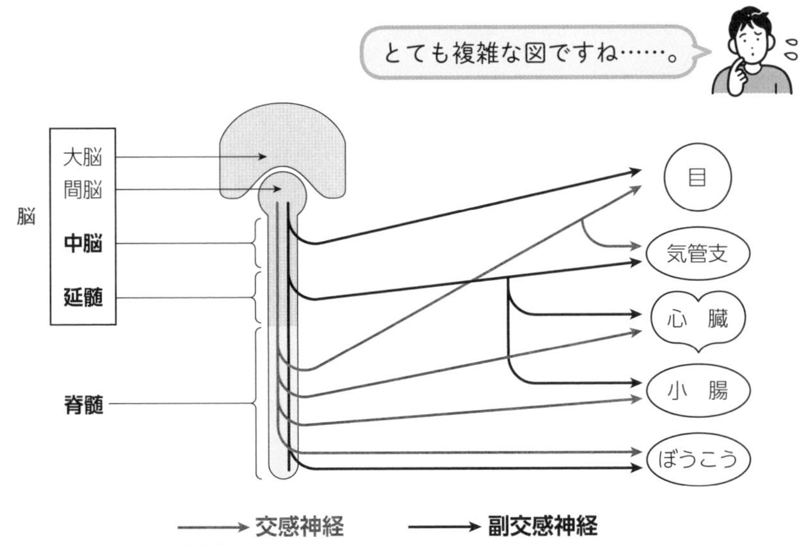

交感神経はすべて**脊髄**から出ています。副交感神経は一部が**脊髄**の下部から，大部分が脳（**中脳**と**延髄**）から出ています。

❷ ホルモンの分泌とその調節

ホルモンの語源はギリシャ語で「刺激する，呼び覚ます」という意味の単語です。

ホルモンは**内分泌腺**から血液中に直接分泌され，血液によって全身を巡り，特定の器官の細胞（**標的細胞**）に対して特異的にはたらきかけます。

全身に運ばれるのに，どうして特定の細胞だけに作用できるんですか？

いいところに目をつけましたね！　標的細胞は特定のホルモンと特異的に結合する**受容体**をもっています。ホルモンは受容体に結合して作用するので，標的細胞だけに作用できるんですよ！　次のページの図のようなイメージをもっておくとよいでしょう。

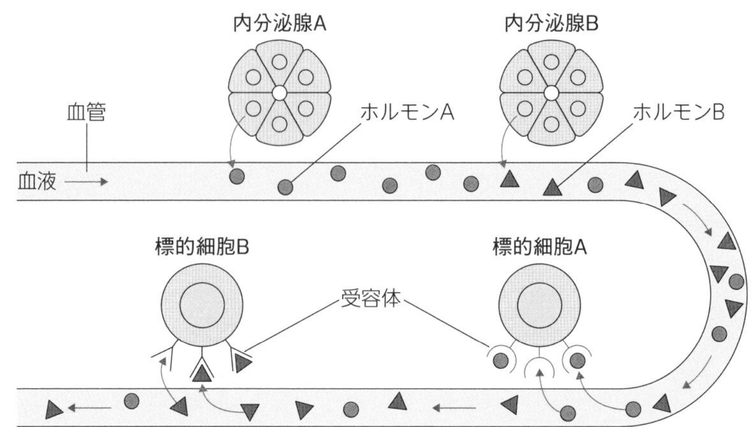

なお，ホルモンは1902年にベイリスとスターリングによって発見されました。最初に発見されたホルモンは，**十二指腸**から分泌され，すい臓に作用してすい液(←すい臓から十二指腸に分泌される消化液)の分泌を促進する**セクレチン**というホルモンです。

内分泌腺にはどんなものがあるんですか？

脳下垂体，甲状腺，副腎，すい臓のランゲルハンス島……，いろいろありますが，まずは脳下垂体について学びましょう。

脳下垂体(のうかすいたい)は，間脳の視床下部にぶら下がるような位置についている（注：本当にプランッとぶら下がっているわけではありません!!!) ことから，このような名前がつけられました。脳下垂体は**前葉**(ぜんよう)と**後葉**(こうよう)といわれる2つの部分からなります。

脳下垂体には右の図のように毛細血管や**神経分泌細胞**(しんけいぶんぴさいぼう)が存在しています。なお，神経分泌細胞とはホルモンを分泌する神経細胞のことです！　前葉は血管を介して視床下部からのホルモンによって支配されています。一方，神経分泌細胞は視床下部から後葉の毛細血管まで伸びていますね。**バソプレシン**は，この神経分泌細胞によって後葉から分泌されるホルモンです。

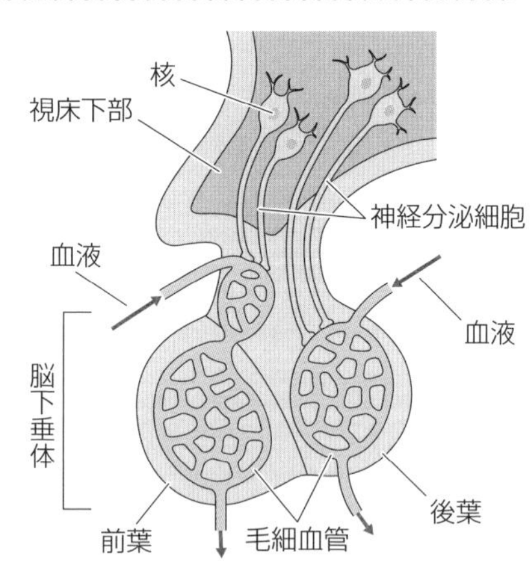

バソプレシンは腎臓の集合管（⇒ p.119）に作用して，水の再吸収を促進するホルモンです。バソプレシンの分泌が促進されると，尿量は減少し，尿の濃度が高くなります！

ホルモンの分泌はとっても巧みに調節されています！　**甲状腺**(こうじょうせん)から分泌される**チロキシン**を例に説明します。右の図を見ながら読んでください！

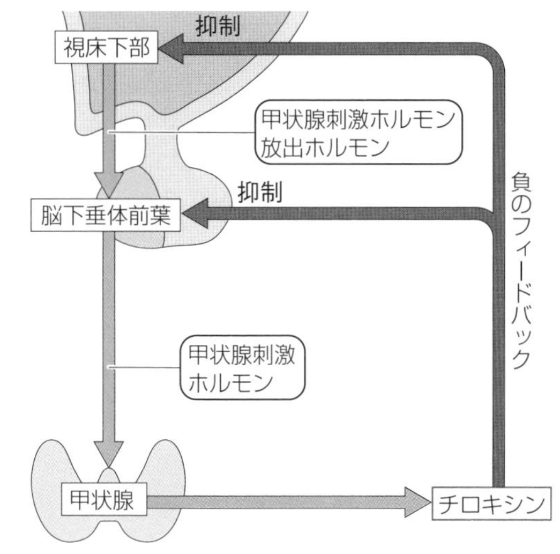

視床下部から**甲状腺刺激**(こうじょうせんしげき)**ホルモン放出**(ほうしゅつ)**ホルモン**が分泌され，これが脳下垂体前葉に作用すると甲状腺刺激ホルモンが分泌されます。甲状腺刺激ホルモンが甲状腺に作用すると，甲状腺からチロキシンが分泌されます。やがて，チロキシンの濃度が高まると，チロキシンが視床下部や脳下垂体前葉に作用して，ホルモンの分泌を抑制します。

「チロキシン余ってるよ～！　ホルモン分泌止めて～！」って感じですね。

このように，最終産物や最終産物による効果が最初の段階に戻って全体を調節することを**フィードバック調節**といいます！

ところで，チロキシンはどんなはたらきをするんですか？

せっかくですので，代表的なホルモンについて，内分泌腺と分泌されるホルモン，はたらきを次のページにまとめておきます。

第5章 生物の体内環境

内分泌腺		ホルモン	主なはたらき
視床下部		**放出ホルモン** **放出抑制ホルモン**	脳下垂体前葉からのホルモン分泌の調節
脳下垂体	**前葉**	**成長ホルモン**	タンパク質の合成促進，骨の発育促進
		甲状腺刺激ホルモン	チロキシンの分泌促進
		副腎皮質刺激ホルモン	糖質コルチコイドの分泌促進
	後葉	**バソプレシン**	腎臓の集合管での水の再吸収促進
甲状腺		**チロキシン**	代謝促進
副甲状腺		**パラトルモン**	血中の Ca^{2+} 濃度上昇
十二指腸		**セクレチン**	すい液の分泌促進
副腎	**髄質**	**アドレナリン**	グリコーゲンの分解促進
	皮質	**糖質コルチコイド**	タンパク質からの糖の合成促進
		鉱質コルチコイド	腎臓での Na^+ の再吸収促進 腎臓での K^+ の排出促進
すい臓ランゲルハンス島		**インスリン**	グリコーゲンの合成促進 細胞のグルコース取り込み促進
		グルカゴン	グリコーゲンの分解促進

成長ホルモンはその名のとおり成長を促進するホルモンです。骨の発育を促進するほか，筋肉などの成長のために必要なタンパク質の合成を促進するはたらきもあります。

パラトルモンは，血中のカルシウムイオン(Ca^{2+})濃度が低下すると分泌され，骨を溶かしたり，原尿からの Ca^{2+} の再吸収を促進したりして，血中の Ca^{2+} 濃度を上昇させます。

鉱質コルチコイドは，腎臓の細尿管や集合管でのナトリウムイオン(Na^+)の再吸収を促進したり，カリウムイオン(K^+)の尿への排出を促進したりします。これによって体液中の Na^+，K^+ の濃度を調節しています。

血糖濃度の調節に関係するホルモンも，これから登場しますよ！

❸　血糖濃度の調節

いきなりですが……，血糖濃度の意味はわかっていますか？

「血液中の糖の濃度」じゃないんですか ??

残念！　血糖濃度は「血液中のグルコースの濃度」です。グルコース以外の糖が溶けていても血糖としてはカウントされません！　ヒトの血糖濃度は，食事によって上昇したり，運動によって低下したりしますが，**0.1%**（≒**1mg/mL**）になるように調節されています。

血糖濃度は，次の図のように調節されているんですよ。

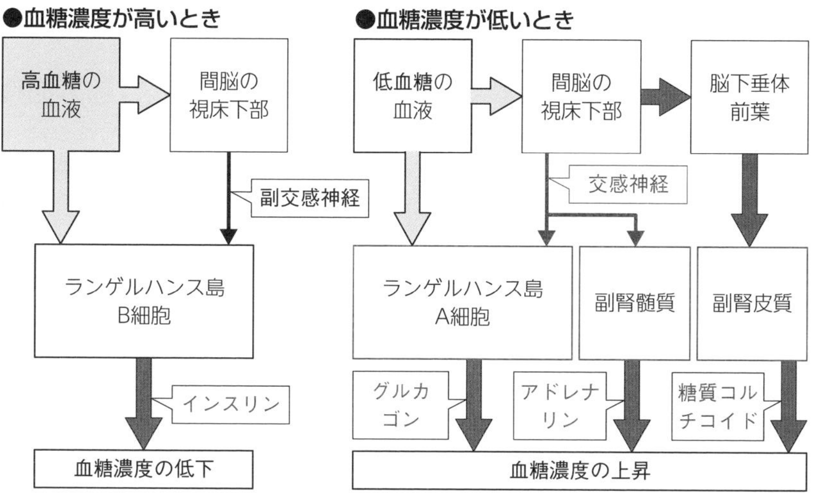

食事などによって血糖濃度が上昇すると，視床下部がこれを感知し，副交感神経によってすい臓のランゲルハンス島のB細胞を刺激します。すると，ここから**インスリン**が分泌されます。

「食事をしたら副交感神経」のイメージですね！

すばらしい！　そのとおりですね♪　じつは，上の図からもわかると思うけれど，ランゲルハンス島のB細胞自身も血糖濃度の上昇を直接感知して，インスリンを分泌することができます。

インスリンは肝臓や筋肉に作用し，ここでの**グリコーゲン**の合成を促進します。また，さまざまな細胞に対して作用し，標的細胞によるグルコースの取り込みや消費を促進します。

第5章 生物の体内環境

あのぉ……，グリコーゲンって何ですか？

グリコーゲンというのはグルコースがたくさん繋がった物質です。肝臓や筋肉の細胞内でグリコーゲンをどんどんつくれば，グルコースがどんどん取り込まれて，血糖濃度は低下します！

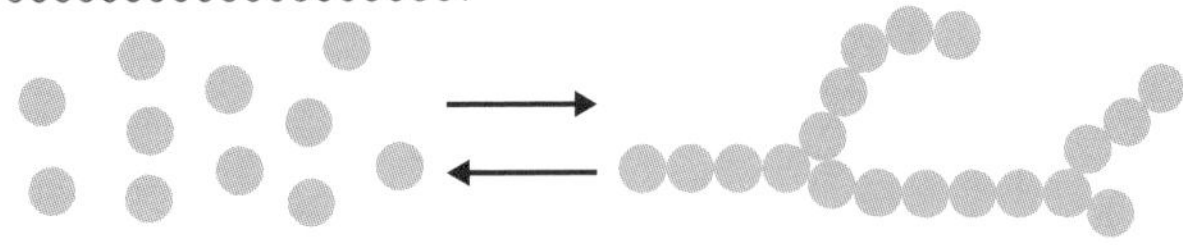

逆に激しい運動などで血糖濃度が低下すると，視床下部が感知して**交感神経**を通じて**副腎髄質**から**アドレナリン**が分泌されます。アドレナリンは肝臓に作用してグリコーゲンを分解してグルコースをつくらせ，血糖濃度を上昇させます。また，交感神経の刺激によってすい臓の**ランゲルハンス島のＡ細胞**から**グルカゴン**が分泌されます。グルカゴンもアドレナリンと同様にグリコーゲンの分解を促進します。また，ランゲルハンス島のＡ細胞自身が血糖濃度の低下を感知してグルカゴンを分泌することもできます。

血糖濃度の低下は命にかかわります！
血糖濃度の低下に対する応答はまだありますよ!!

間脳の視床下部は**脳下垂体前葉**を刺激して**副腎皮質刺激ホルモン**を分泌させ，その結果，**副腎皮質**から**糖質コルチコイド**が分泌されます。糖質コルチコイドはさまざまな組織の細胞に対して作用し，タンパク質からグルコースを合成させ，血糖濃度を上昇させます。

糖質コルチコイドは強いストレスが加わったときにも分泌されることが知られています。強いストレスが継続的に加わると，血糖濃度が高くなってしまいます。

会議やテストが迫ってくると，血糖濃度が高くなる傾向にあるんですね。

❹ 糖尿病

糖尿病は，血糖濃度が高い状態が続く病気です。糖尿病の原因はさまざまですが，ランゲルハンス島のB細胞が破壊され，インスリンが分泌できなくなることが原因の糖尿病を**Ⅰ型糖尿病**といいます。そして，これ以外の原因による糖尿病を**Ⅱ型糖尿病**といいます。Ⅱ型糖尿病には，B細胞の破壊とは別の原因でインスリンが分泌できない場合や，標的細胞がインスリンに反応できない場合などさまざまな原因があります。

生活習慣病として扱われる糖尿病はⅡ型糖尿病です。日本人の糖尿病患者の多くはⅡ型糖尿病で，食事や運動などの生活習慣の見直しを必要とする場合が多いですね。

血糖濃度が高くなると腎臓で原尿中のすべてのグルコースを再吸収しきれなくなり，尿中にグルコースが排出されます。これを糖尿病といいます。血糖濃度が高い状態が続くと腎臓に負担がかかるだけでなく，動脈硬化が起こり，心筋梗塞や脳梗塞のリスクが高まることがわかっています。

さて，問題です！　次のグラフは健康な人と糖尿病の患者のAさんとBさんの食事前後の血糖濃度とインスリン濃度の変化のグラフです。AさんとBさんのどちらかがⅠ型糖尿病，他方がⅡ型糖尿病です。さぁ，Ⅱ型糖尿病なのはどちらでしょうか？

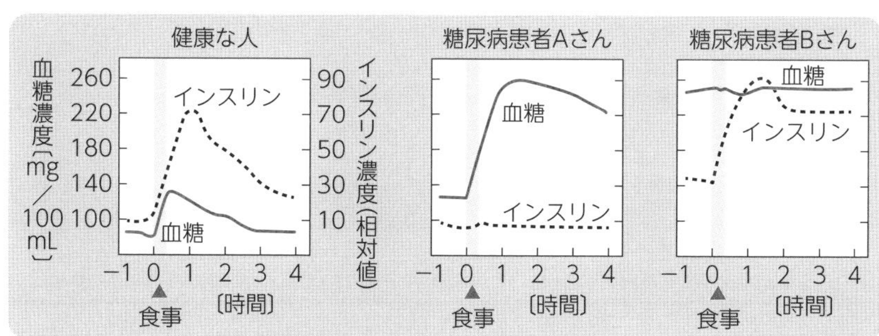

Ⅰ型糖尿病ではインスリンを分泌できないので，食後にインスリンが増えているBさんがⅠ型糖尿病ってことはないですね。だから…，Ⅱ型糖尿病はBさん！

完璧！

❺　体温調節

いやぁ，今朝は寒かった！
でも，恒温動物の僕たちは体温を保てる，すごいですね!!

体温は発熱量と放熱量のバランスによって調節しているんですよ。せっかく発熱量を増やしても，放熱量を減らさないと熱は逃げて行ってしまうでしょ？以下に，寒いときの体温調節のしくみをまとめました。

●寒いときの体温調節

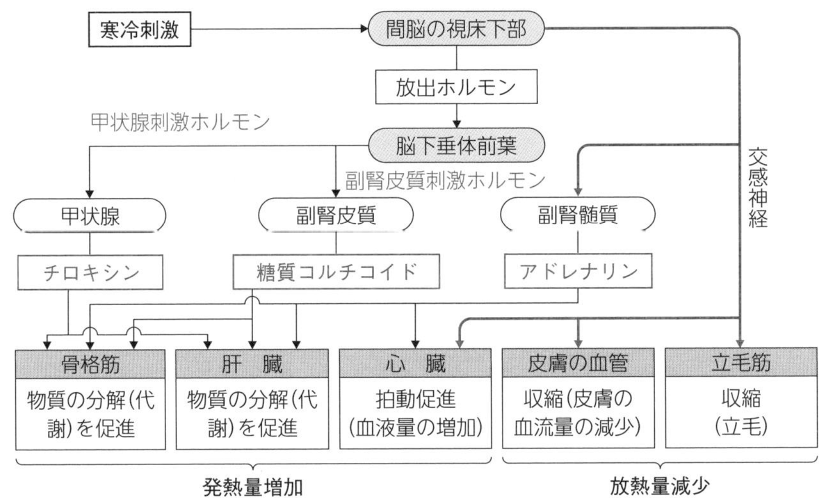

寒いときのしくみだけでいいんですか？

恒温動物の体温調節は，原則として寒いときに体温の低下を防ぐためのしくみなんですよ。だから，まず寒いときのしくみを理解することが優先です。

体温が低下したときや寒いとき，体温調節中枢である**間脳の視床下部**が皮膚や血液の温度低下を感知すると**交感神経**によって**皮膚の血管**や**立毛筋**などが刺激されて収縮し，放熱量が減少します。また，**チロキシン**，**アドレナリン**，**糖質コルチコイド**などの分泌が促進され，肝臓や筋肉などでの代謝が促進されて発熱量が増加します。さらに，骨格筋が収縮と弛緩をくり返してふるえが起こり，熱が発生します。

❻ 体液の塩分濃度と体液量の調節

血糖濃度が下がると「お腹が空いた」と感じます。
血液の塩分濃度が上昇すると，どうなるでしょう??

きっと「濃度を下げたい」ってなりますね！　水で薄めたい……
水を飲みたい……あっ！　「のどが渇いた〜」って感じ!!

すごい！　だいぶ論理的に考察できるようになってきましたね。

体液の塩分濃度は，次の図のように，視床下部が常に感知していて，発汗などにより塩分濃度が上昇すると脳下垂体後葉から**バソプレシン**が分泌されます。バソプレシンは**集合管**での水の再吸収を促進しますので，体液の水分量が増加し，体液の塩分濃度が低下します。逆に水を飲むなどして体液の塩分濃度が低下した場合には，バソプレシンの分泌が抑制されます(下の図)。

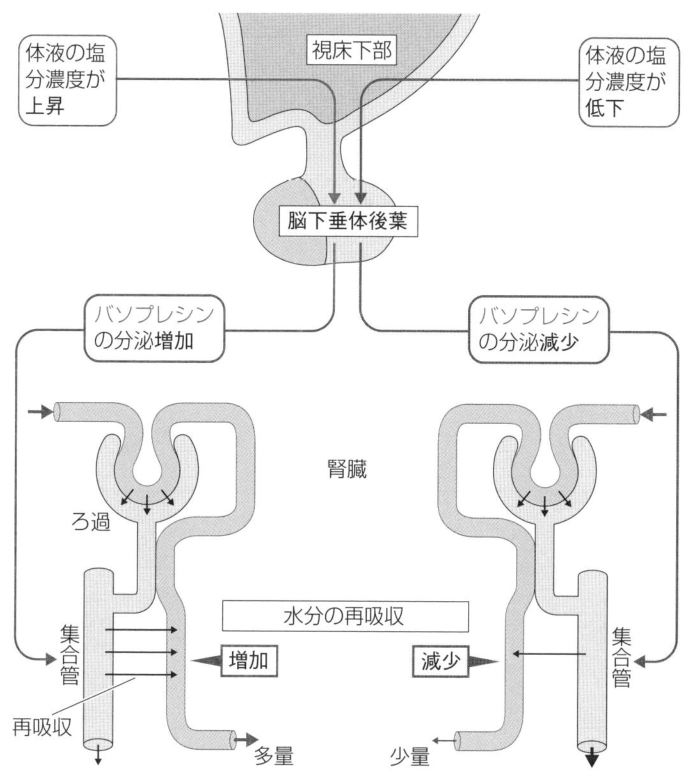

なお，**副腎皮質**から分泌される**鉱質コルチコイド**は腎臓の細尿管でのNa^+の再吸収を促進し，それにともなって水の再吸収も促進されることから，体液量を増加させる効果をもたらします。

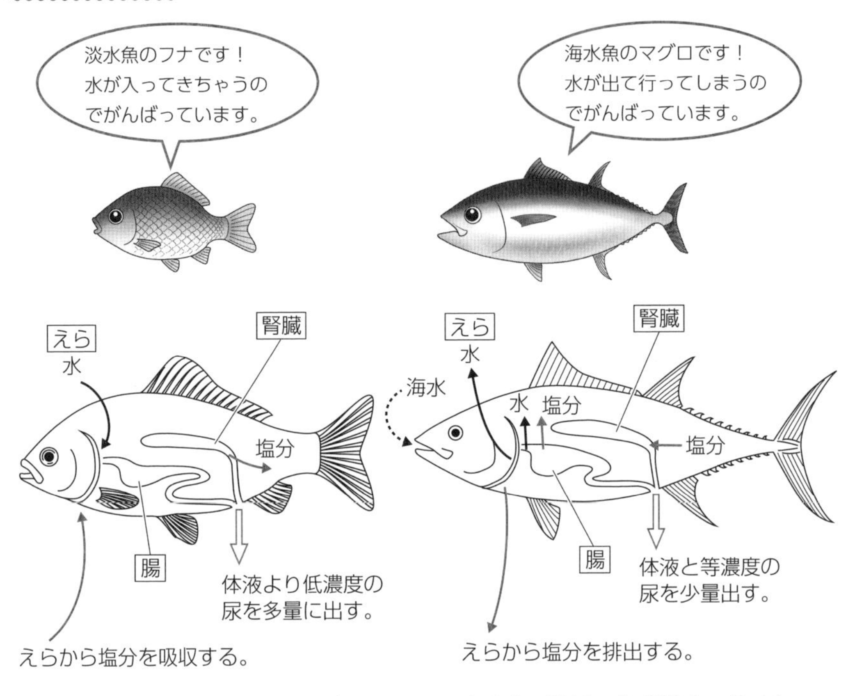

淡水魚（体液の塩分濃度＞淡水）　海水魚（体液の塩分濃度＜海水）

淡水魚(←フナ，コイ，オオクチバス……)の体液の塩分濃度は外液（＝淡水）の塩分濃度よりも高く，体内に水がドンドン入る傾向にあります。よって，淡水魚は腎臓で多量の低濃度の尿をつくり，水をドンドン体外へと排出しています。また，尿によって塩分が失われてしまいますので，**えら**から塩分を積極的に取り込んでいます。

海水魚(←マグロ，タイ，サンマ……)の体液の塩分濃度は外液(＝海水)よりも低く，水が体外に失われる傾向にあります。よって，海水魚は腎臓で多くの水を再吸収し，尿量を減らしています。当然，淡水魚よりも高濃度の尿をつくることになるのですが……，魚って自身の体液よりも濃い尿をつくれません。ですから，魚がつくれる精一杯の濃い尿，つまり体液と等濃度の尿をつくります！また，水分が失われてしまいますから，海水を飲んで水分を補給します。しかし，このとき過剰な塩分も取り込まれてしまいますので，えらから積極的に塩分を排出しています。

免疫 ～免疫力!?　なにそれ?～

さぁ，目玉商品「免疫」です！
きちんと勉強して，巷に出回っている怪しい健康グッズや民間療法に騙されないように！

1　免疫とは……？

私たちのからだには病原体などの異物の侵入を防いだり，侵入した異物を排除したりすることでからだを守るしくみがあり，これを**免疫**といいます。

免疫は基本的に3つのステップからなります。

❶物理的・化学的防御
❷自然免疫
❸適応免疫（獲得免疫）

❶と❷を合わせて自然免疫という場合もあります。

免疫ってからだのどこで誰がやっているんですか？

❶の物理的・化学的防御は，もちろん外界と接している場所でやっていますよね。たとえば，**皮膚**や，**気管**や**消化管**といった器官の**粘膜**などです。

❷や❸は**白血球**(⇒ p.108)がやっています。もちろん，異物が侵入した場所で行われるんだけれど，**リンパ節**や**ひ臓**は❸の適応免疫が起こる主な場所になっています。

免疫担当細胞に登場してもらおう！　食細胞とリンパ球です。

僕たち**食細胞**！

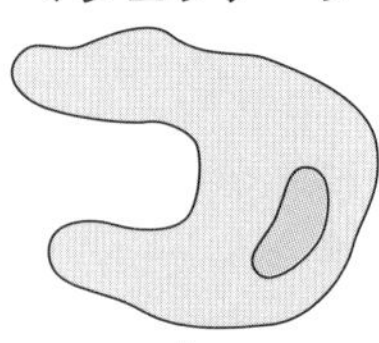

盛んに**食作用**をする**食細胞**です！ 取り込んだ異物と一緒に死滅することが多い，健気なヤツです♪

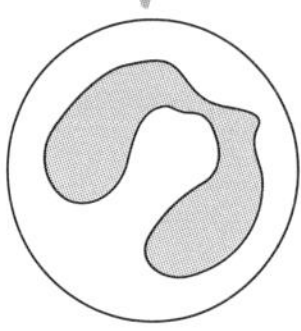

好中球

大型の食細胞です！　大きいから「macro-」という名前なんですよ！　血管内にいるときは**単球**という名前なんですが，血管の外に出るとマクロファージと名前が変わります。

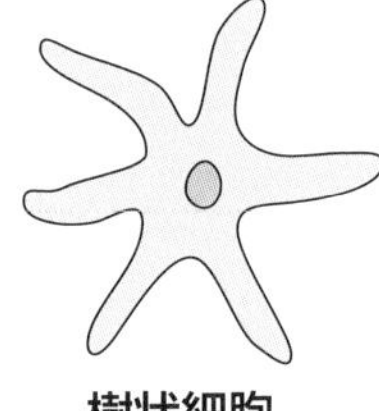

樹状細胞

樹木の枝のような突起が多くあることから名前がつきました。
食細胞です！
抗原提示をするのが主な仕事です♪

僕たち**リンパ球**！

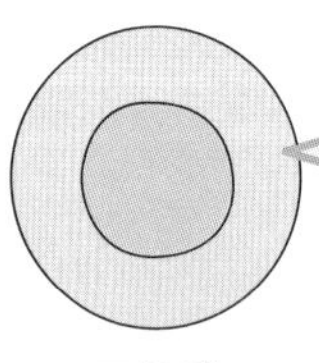

T 細胞

適応免疫に関与します。**胸腺**（＝Thymus）で成熟します。
キラーT細胞，**ヘルパーT細胞**などの種類があります。

本名は……，**ナチュラルキラー細胞**，Natural Killer の頭文字をとって NK 細胞。
ウイルスなどが感染した細胞やがん細胞を破壊します。

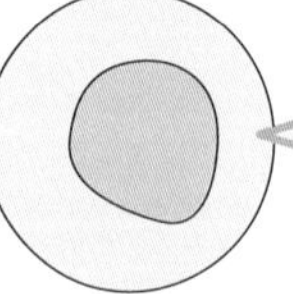

B 細胞

適応免疫に関与します。
活性化すると**抗体産生細胞**となり，**抗体**を産生します。

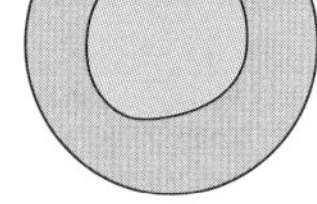

NK 細胞

2　物理的・化学的防御

では，❶の物理的・化学的防御についてまとめましょう。私たちの皮膚の表面は**角質層**という死細胞からなる層があり，病原体の侵入を防いでいます。また，汗や皮脂は皮膚表面を弱酸性に保ち，微生物の繁殖を防いでいます。さらに，汗，涙，だ液には細菌の細胞壁を破壊する**リゾチーム**という酵素や，細菌の細胞膜を破壊する**ディフェンシン**というタンパク質が含まれています！

「鉄壁のディフェンス」っていう感じですね！

皮膚以外もすごいですよ！　気管などの粘膜では**繊毛**という毛の運動によって異物を体外に送り出しています。なかなか上手く送り出せないな……というときには，咳やくしゃみをして気合いで排出します！

食物に付着して侵入を試みる病原体には，胃液が活躍します。胃液は強酸性(pH2)なので，たいていの細菌は死んでしまいます。また，私たちの皮膚や腸には**常在菌**という細菌がいてくれて，外から病原体が入ってきても繁殖しないように抑えてくれています。

3　自然免疫

❶　食細胞

物理的・化学的防御を突破されてしまったら，まずは自然免疫だ！

自然免疫は，異物が体内に侵入した場合に速やかにはたらく非特異的なしくみで，さまざまな白血球によって行われます。

自然免疫といえば……，まずは**食作用**です。食作用は，下の図のように細胞膜をダイナミックに動かして異物を包み込んで取り込み，取り込んだ異物を分解することです。食作用を行う細胞は**食細胞**といい，**好中球**，**マクロファージ**，**樹状細胞**などが代表的な食細胞です。

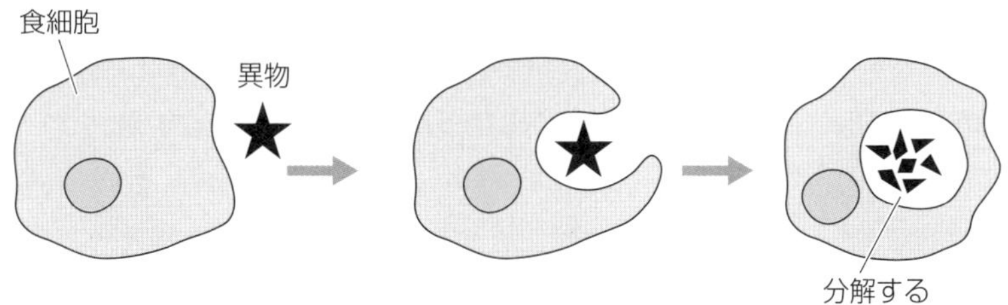

❷ NK 細胞（リンパ球の一種）

病原体を認識したマクロファージなどは付近の毛細血管にはたらきかけ，単球や NK 細胞などの白血球を感染部位に誘引します。すると，病原体の侵入部位では活発に食作用が行われるとともに，NK 細胞が**感染細胞**を破壊します。このような自然免疫が起こっている部位は赤く腫れ，熱や痛みをもつ状態になります。この現象を**炎症**といいます。

NK 細胞は，結局何を殺すんですか？　病原体？

いいところに気づいたようですね。NK 細胞は感染した細胞（感染細胞）を殺すんです。ウイルスや一部の細菌などが細胞のなかに入り込むと，細胞が感染してしまいます。この場合，NK 細胞は感染細胞と正常細胞を区別して，感染細胞を殺してしまうんです！　NK 細胞は**がん細胞**も正常細胞と区別して破壊することができます。

ここで，異物を食作用で分解した樹状細胞はリンパ節へと移動し，次のステップの適応免疫を誘導します！

4 適応免疫

適応免疫（**獲得免疫**）は，T 細胞が自然免疫で病原体に反応した樹状細胞などから病原体の情報を受け取ることによって始まる反応で，病原体に対して特異的に反応します。また，適応免疫には**免疫記憶**ができるというすばらしい特徴があります。

一度かかった病気には再度かかりにくくなるっていうことですね♪

適応免疫では，**T 細胞**と **B 細胞**というリンパ球がはたらきます。これらのリンパ球は一見するとチョット不器用で……，個々のリンパ球は1種類の**抗原**（←リンパ球が認識する物質のこと）しか認識できないんです。しかし，体内にはものすごい種類のリンパ球がつくられるので，基本的にはどんな異物が入ってきても認識できるリンパ球が存在することになるんです。じつは……，この多様なリンパ球のなかには自己成分を抗原と認識してしまう細胞もいるのですが，自己成分に対しては免疫がはたらかないような状態をつくっています！　この状態を**免疫寛容**といいます。

適応免疫には，抗体を用いて異物を排除する**体液性免疫**と，抗体を用いずに T 細胞が感染細胞などを排除する**細胞性免疫**の2種類の反応があります。

❶ 細胞性免疫

図でイメージを確認しながら……，細胞性免疫のしくみから説明します!!

まず……，病原体を認識して活性化した樹状細胞が**リンパ節**に移動してきます！　このとき，樹状細胞は取り込んで分解した病原体の断片（抗原断片）を細胞の表面に出しています。このはたらきを**抗原提示**といいます。

樹状細胞は，提示している抗原に適合したＴ細胞と出合うとこれを活性化し，適応免疫がスタートします（下の図）。

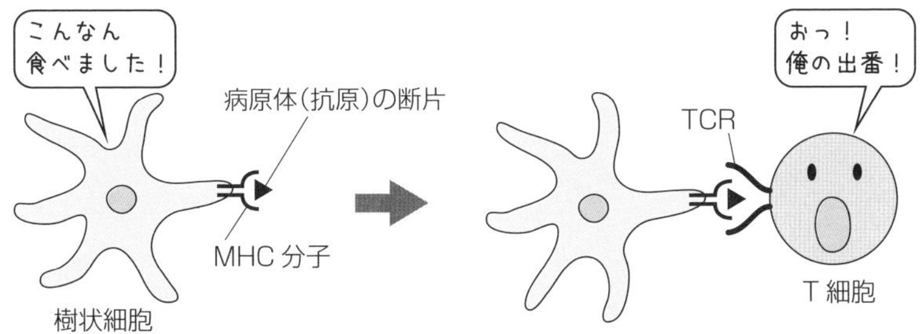

樹状細胞からの抗原提示を受けて活性化した**キラーＴ細胞**が増殖し，感染部位へと移動し，提示された病原体に感染している細胞を特異的に破壊していきます。これが**細胞性免疫**です（下の図）。

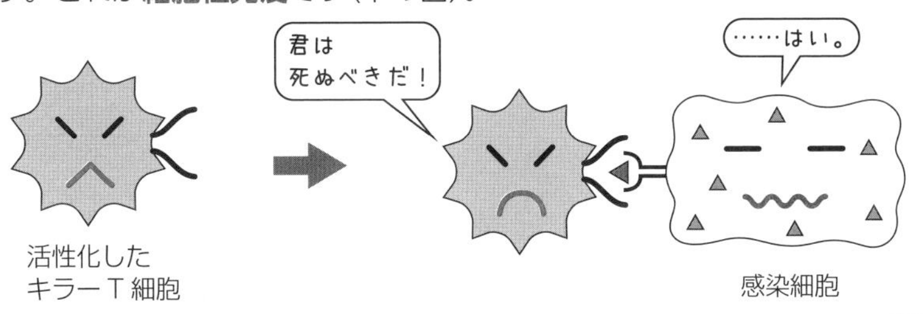

「ズバ〜ッ！」と殺さない感じが何とも恐ろしい（笑）

❷ 体液性免疫

キラーＴ細胞とともに，樹状細胞からの抗原提示を受けて活性化した**ヘルパーＴ細胞**も増殖します。また，❶B 細胞は病原体を自ら捕らえて活性化します。そして，❷B 細胞は同じ抗原に対して活性化しているヘルパーＴ細胞に出合うと，❸ヘルパーＴ細胞からの補助を受けてさらに活性化して増殖し，

❹**抗体産生細胞**（**形質細胞**）に分化します。抗体産生細胞は，**抗体**をドンドン放出します。この抗体をつかって病原体を排除する反応が**体液性免疫**です（下の図）。

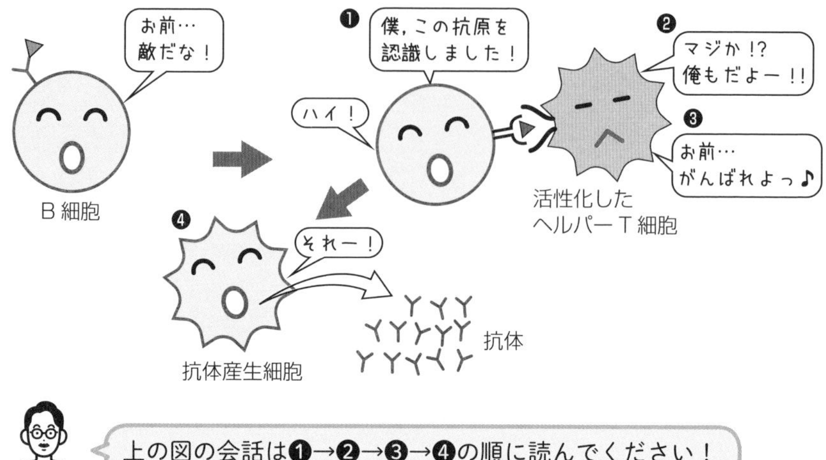

上の図の会話は❶→❷→❸→❹の順に読んでください！

抗体はどうやって病原体をやっつけるんですか？

抗体は**免疫グロブリン**という名前のタンパク質です。抗体は抗原に結合（←**抗原抗体反応**といいます）して，抗原が悪さをできないようにします。たとえば，抗原となった病原体の毒性を低下させたり，増殖できなくしたりします。そして，抗体が結合した抗原はマクロファージによって速やかに排除されます（下の図）。

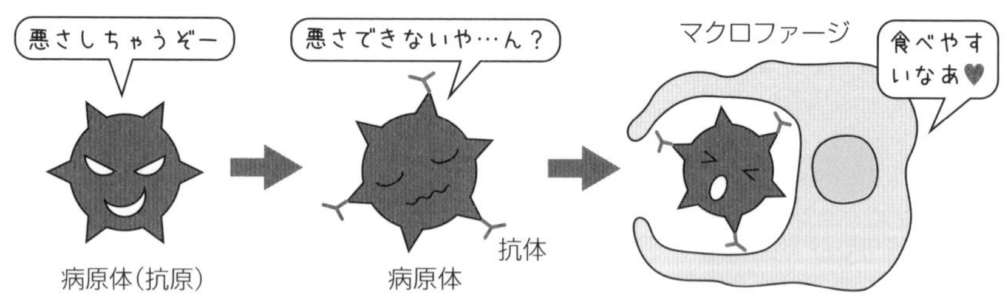

個々の抗体は 1 種類の抗原としか結合できませんが，僕たちは 10^9 ～ 10^{10} 種類もの抗体をつくれるので，実質的にはどのような抗原に対しても抗体をつくることができます。

❸ 免疫記憶

いよいよ，「一度かかった病気には再度かかりにくくなる」しくみを学びましょう！

適応免疫のはたらきのなかで増殖したT細胞とB細胞の一部は**記憶細胞**（きおくさいぼう）として体内に長期間保存されます。そして，次に同じ抗原が侵入したときには，記憶細胞が速やかに増殖して免疫反応を引き起こすことができます。この2度目以降の免疫反応を**二次応答**（にじおうとう），初めて抗原が侵入したときの免疫反応を**一次応答**（いちじおうとう）といいます。二次応答は一次応答よりも速くて強い反応なので，2度目以降は発症せずに抗原を排除できることが多いんです♪

体液性免疫でも細胞性免疫でも，二次応答は起こるんですか？

もちろん！　どちらも二次応答しますよ！

下の図は有名なグラフですね。0日の時点で抗原Aを注射して抗体をつくらせて……，40日の時点で抗原Aを再度注射して二次応答させています。二次応答では一次応答よりもはやく大量の抗体が産生できていますね。

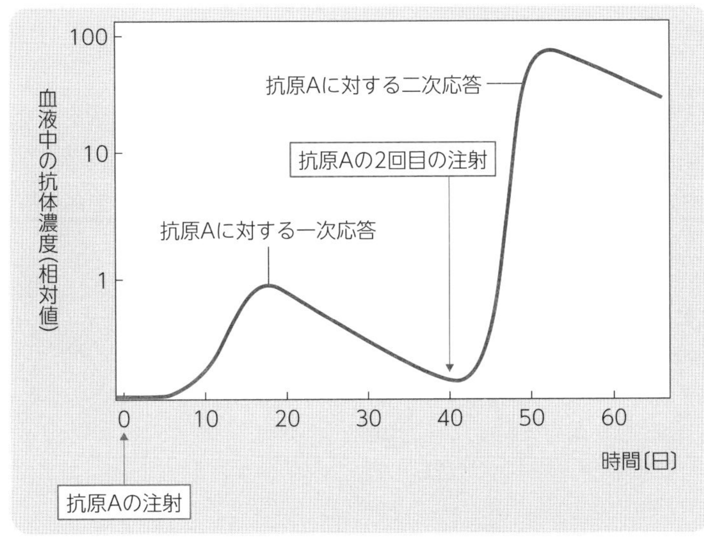

第5章 生物の体内環境

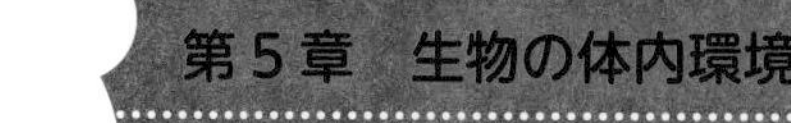

第５章　生物の体内環境

5 免疫と医療

血清療法は北里柴三郎らによって開発されました。
そうです，新紙幣の 1000 円札の肖像画が北里柴三郎ですね。

❶ 血清療法

血清療法はハブに噛まれたときなどに用いられます。あらかじめハブ毒素をウマなどの動物に接種して，そのウマからハブ毒素に対する抗体を含んだ血清（⇒ p.114）をつくっておきます。ハブに噛まれたら，その準備してあった抗体を含む血清を患者に注射し，体内に入ったハブ毒素を排除します。自身の免疫反応では間に合わないような切迫した状況のときに血清療法が使われます。

予防接種は抗原を，血清療法は抗体を投与するってことですね♪

抗体を投与する医療行為というのは非常に重要なんです。

2018年にノーベル生理学・医学賞を受賞した本庶佑氏らが開発に携わった「オプジーボ」という薬は，人工的につくった抗体なんですよ。この抗体はキラーＴ細胞のもっているタンパク質に結合し，がん細胞に対するキラーＴ細胞の攻撃が弱まらないようにしてくれるんです。すごいですね。

医療の進歩にはホント，目を見張るものがあります。

❷ 免疫不全症

免疫のはたらきが低下してしまう疾患を**免疫不全症**といいます。**HIV**（ヒト免疫不全ウイルス）の感染による**エイズ**（AIDS，後天性免疫不全症候群）は免疫不全症の代表例です。

HIV はヘルパーＴ細胞に感染し，破壊してしまうので，適応免疫の機能が極端に低下し，通常では発病しないような弱い病原体で発病してしまう**日和見感染**を起こしたり，がんなどを発症しやすくなったりします。

なお，HIV は **H**uman **I**mmunodeficiency **V**irus の略，AIDS は **A**cquired **I**mmune**D**eficiency **S**yndrome の略です。

❸ 免疫の異常反応

❶ アレルギー

本来ならばからだを守ってくれる免疫ですが，過剰な反応や異常な反応をして，からだに不利益をもたらすことがあります。

ハ……，ハッ……，ハ〜〜クション！

無害な異物にくり返し接触したさいに，この異物に対して異常な免疫反応をする場合があり，これを**アレルギー**といいます。アレルギーの原因となる物質は**アレルゲン**といいます。アレルゲンとしては，スギ花粉，食品などさまざまなものがありますよ。

アレルゲンによっては急激な血圧低下や呼吸困難といった強いショック症状が起こることがあり，これを**アナフィラキシーショック**といいます。生命の危機にかかわる危険な現象です。

❷ 自己免疫疾患

「免疫寛容（⇒ p.136）」を覚えていますか？

免疫寛容のしくみはすごくよくできているんですが，100% 完全ではないのが現実です。自己成分が樹状細胞などから提示されたときにリンパ球が活性化してしまい，自己成分に対する免疫反応が起こってしまうことがあり，これを**自己免疫疾患**といいます。

自己免疫疾患の例としては，手足の関節の細胞を攻撃して炎症が起きてしまう**関節リウマチ**，ランゲルハンス島のB細胞を攻撃してしまう**I型糖尿病**(⇒ p.129)，神経から筋肉への信号を受け取る受容体を攻撃して全身の筋力が低下してしまう重症筋無力症などがあります。

④ mRNA ワクチンによる予防接種

新型コロナウイルスの重症化予防のために接種したワクチンが mRNA ワクチンですよね。

そのとおりです。長年の研究が積み上げていた技術を使ったすばらしい技術です。どういうしくみで予防効果を発揮するのかについて学んでみましょう。

❶ 新型コロナウイルスはどうやって増殖するのか

新型コロナウイルスは遺伝子としてRNAをもつ**RNAウイルス**で，RNAがエンベロープという脂質でできた膜に包まれており，表面に数種類のスパイクタンパク質が結合しています（右の図）。サイズは約100nmで，マスクを通れるか通れないかという議論になるようなサイズです。

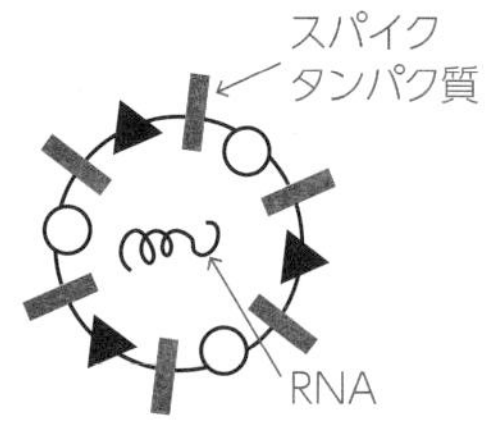

図中のスパイクタンパク質がヒトの細胞膜にあるACE2というタンパク質に結合し，これを足掛かりとしてウイルスのRNAが細胞内に放出されます。このRNAが複製されるとともに，翻訳されてウイルスタンパク質がつくられます。ウイルスタンパク質が小胞体からゴルジ体に送られる過程で複製されたウイルスのRNAと一緒になり，新たなウイルスがつくられ，最終的に**エキソサイトーシス**（⇒ p.16）によってウイルスが細胞外に放出されていきます（下の図）。

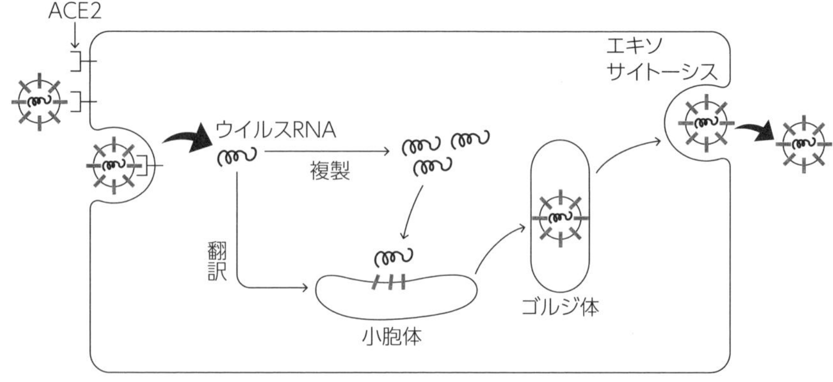

スパイクタンパク質に抗体をくっつけてACE2との結合を阻害すれば，ウイルスの増殖を抑制できそうですね。

❷ mRNAワクチンによる免疫記憶の成立のしくみ

「核酸医薬品」という用語を耳にしたことはありますか？　『薬』にはさまざまなものがありますが，そのなかの比較的新しいジャンルになります。核酸医薬品は読んで字のごとく「核酸を医薬品として投与する」ということで，コロナパンデミック以前から世界中で有効性や安全性に対して精力的に研究が進められており，筋ジストロフィー，ミトコンドリア遺伝病，がん，アトピー性皮膚炎などに対する核酸医薬品などを対象に研究が進められてきました。なかにはすでに承認を得て，医療の現場で使用されているものも存在します。つまり，核酸を細胞内に送り込むという技術は，新型コロナウイルスに対するmRNAワクチン以前から存在していたものなのです。

基本的に，核酸は細胞膜を通りませんので，核酸医薬品には細胞内に核酸をしっかりと届ける技術が必要となります。基本的なイメージとしては，リン脂質が主成分である細胞膜（⇒ p.14）と親和性の高い脂質で核酸を包んで投与し，脂質と細胞膜を融合させる形で細胞に核酸を送り込むという戦略をとります（下の図）。実際に，新型コロナウイルスのmRNAワクチンはウイルスのスパイクタンパク質（またはその一部）の情報をもつmRNAを脂質の膜に包んだものです。

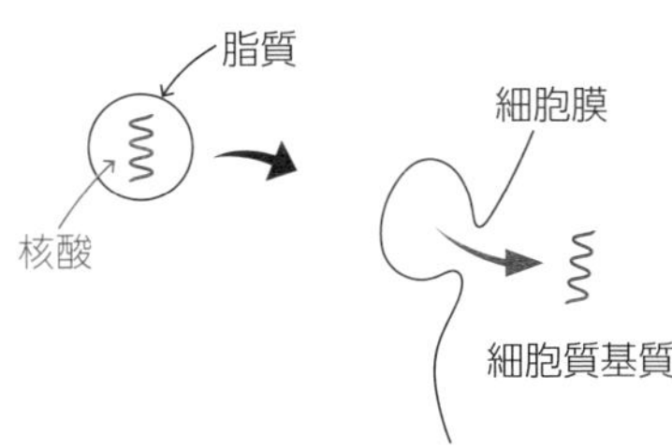

核酸を細胞内に運ぶしくみ（DDS：Drag Delivery System）

それでは，mRNAワクチンによってどのように免疫記憶が成立するのかを学んでみましょう。ワクチンを注射すると，脂質に包まれていたmRNAが細胞に取り込まれ，これがリボソームで翻訳されてスパイクタンパク質が合成されます。そして，合成されたスパイクタンパク質は，**MHC分子**（⇒ p.137）に乗せられて，細胞膜に提示されます！

これをT細胞が**TCR**（⇒ p.137）という受容体で認識するんですね！

第5章 生物の体内環境

そのとおりです！　抗原提示までのプロセスは下の図のとおりです。このとき，注射されたmRNAワクチンはさまざまな細胞に送り込まれる可能性がありますが，ヘルパーT細胞に抗原提示をするクラスⅡ MHC分子をもつ**樹状細胞**や**マクロファージ**にも取り込まれます。すると，多くの細胞がもち，キラーT細胞に抗原提示をするクラスⅠ MHC分子だけでなくクラスⅡ MHC分子による抗原提示も行われますので，スパイクタンパク質を認識して免疫反応をする**キラーT細胞**と**ヘルパーT細胞**の両方を活性化することができますね。活性化されたT細胞は記憶細胞として残りますので，細胞性免疫の免疫記憶，体液性免疫の免疫記憶の両方が成立することになります。

また，mRNAワクチンが送り込まれた細胞は，細胞外にスパイクタンパク質を放出し，これに対する抗体を産生できるB細胞が活性化され，抗体産生細胞に分化し，抗体が産生されます。

ニュースなどで「ワクチン接種で抗体がつくられる」という表現をされていましたね。くり返しワクチン接種すれば，二次応答が起きますので，多量の抗体が産生され，体液中に存在している抗体によって侵入したウイルスを素早く排除することが可能となり，重症化などを抑制できる，ということですね。

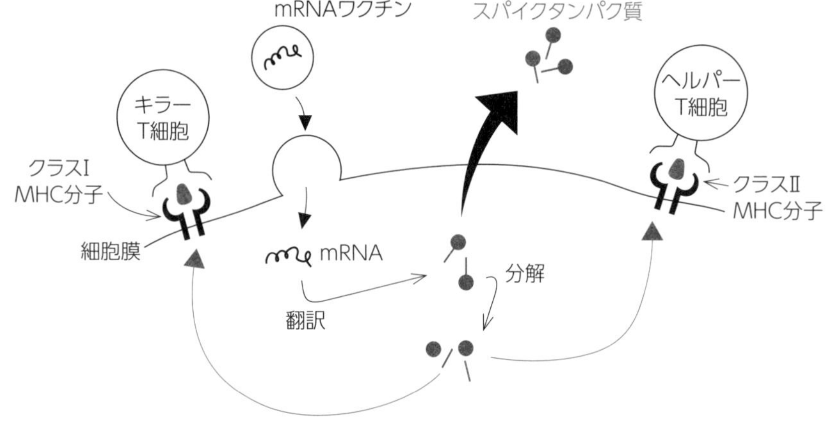

抗原（の一部）を自分でつくって，
それを記憶するしくみなんですよ。

すごいしくみですね！

第6章

植物の一生と環境応答

～植物は動けない！　だからこそ，スゴイ！～

高校の生物の教科書で，植物を扱っているページ数は動物を扱っているページ数よりも圧倒的に少ないんです。そして，いまだに古典的な内容も多く扱っています。代謝や遺伝情報と同様に，動物については分子レベルで扱いますが，植物についてはこれらとは対照的です。**「植物の分野はおもしろくない！」**という受験生が少なくない原因の一つがここにあるかもしれないと感じています。

しかし，この章には植物のスゴさを感じるには十分な内容が扱われています。特に，環境変化などに対する植物の応答は見事です！

虫に葉をかじられたときに，植物は逃げられませんね。では諦めますか？　違うんですよ！　じゃあどうするんでしょう，気になりませんか？　寒いときや暑いときにどうやって対応するんでしょう，とっても気になりますよね！　植物は適切なタイミングでキッチリと開花しますね，不思議ですね，気になってしかたありませんよね !!

生け花の先生を母にもつ私としては，溢(あふ)れんばかりの『植物愛』を表現したいところではありますが，ここでは高校生物の範囲での解説に絞らせていただきます。

第６章では，種子の発芽から成長，そして開花と植物の一生について綺麗に並べてあります。それぞれのしくみについて，**「なるほど，このしくみは理に適(かな)っているな！」**という感動をお伝えできればと思います。学生時代に**「このしくみも，あのしくみも覚えなきゃいけないのか……大変だな～」**なんて思っていた方もおられると思います。でも，大人になった今は，純粋にすごいなぁと感動しながら楽しんでいきましょう。

第6章　植物の一生と環境応答

植物の発芽と成長の調節

植物には眼や耳はありませんが，環境要因を受容しているんです！

そう考えると，すごいですよね！

重力を受容して曲がったり，光を受容して気孔を開いたり……
楽しいよ～♥

そういえば，先生は植物大好きでしたね！

❶　光受容体

植物が環境要因を受容するしくみはさまざまですが，光の受容は特に重要です！　光をシグナル（＝情報）として受容するためのタンパク質は**光受容体**（ひかりじゅようたい）といいます。

光受容体には青色光を吸収する**フォトトロピン**と**クリプトクロム**，赤色光を吸収する**フィトクロム**があります。

「光屈性」は英語で phototropism ！
光屈性のさいに光を受容するタンパク質だからフォトトロピン！

フォトトロピンは光屈性のほかに気孔の開口などにもかかわっています。クリプトクロムは茎の成長抑制などにかかわっています。

ということは……光屈性は青色光に対する反応なんですか？

そのとおり！　横から赤色光を当てても曲がらないんですよ！

フィトクロムは特に重要です！　詳しくシッカリと学びましょう。フィトクロムは**Pr型**（赤色光吸収型）と**Pfr型**（遠赤色光吸収型）の2つの型をとります。

赤色光（Red light）を吸収するからPr型，遠赤色光（Far Red light）を吸収するからPfr型です！　語源が大切です！

Pr型は赤色光を吸収してPfr型になり，Pfr型は遠赤色光を吸収してPr型に戻り……，と可逆的に変化します。Pr型のフィトクロムは不活性型であり，細胞質にあります。一方，Pfr型のフィトクロムは活性型であり，核内に入り特定の遺伝子の発現を変化させることがわかっています。

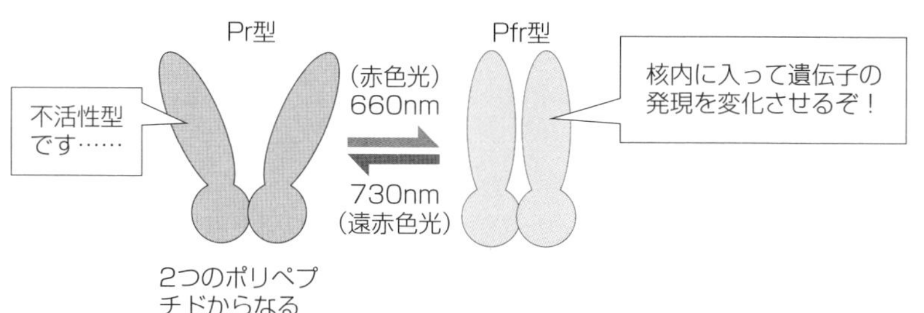

フィトクロムは，**光発芽種子**（ひかりはつがしゅし）の発芽（⇒p.149），花芽形成（かがけいせい）（⇒p.150）などさまざまな現象に関与します。

赤色光や青色光といえば，光合成でよくつかわれる波長の光ですよね。

❷ 植物ホルモン

先日，娘と一緒にアサガオの種子をまいたんですよ。

ほのぼのした休日の１コマですね。

種子発芽のしくみをブツブツとささやきながらね！

お子さん小学生ですよね？　英才教育……（-_-;）

多くの植物では，種子がつくられるといったん**休眠**という状態になります。休眠は，環境条件が整ったとしても発芽できなくなっている状態で，これによって生育に適していない時期を乗り切ったり，種子が遠くまで運ばれたりします。種子がつくられる過程で**アブシシン酸**というホルモンが蓄積していき，アブシシン酸によって種子が休眠します。

オオムギなどの多くの植物の種子の発芽は，胚で**ジベレリン**という植物ホルモンがつくられることで促進されます。オオムギの種子の発芽の例を学びましょう！

胚が「発芽するぞ～！」ってなると，胚からジベレリンが分泌されます。ジベレリンは**糊粉層**の細胞に入って作用します。

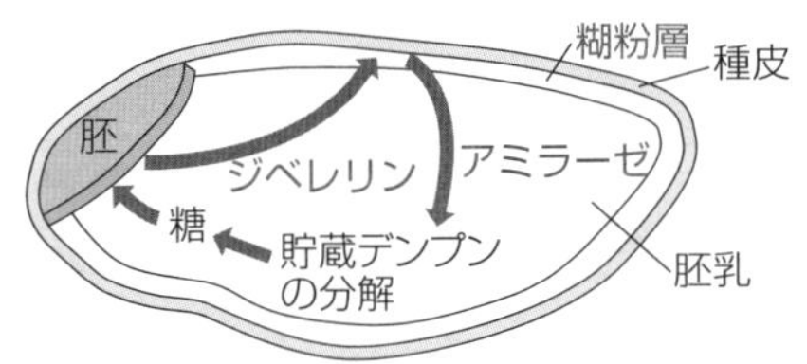

オオムギの発芽のしくみ

胚乳の最外層の部分が，糊粉層ですよ！

すると，糊粉層の細胞で**アミラーゼ**が合成され，これが胚乳に分泌される！そして，胚乳に蓄積されている貯蔵デンプンがアミラーゼによって分解されて，糖が生じます。生じた糖によって浸透圧が上昇して吸水を促進したり，糖をつかって呼吸が促進されたりすることで，胚が成長して……，種皮をバリっと破って発芽するんです。

❸ 光発芽種子

糊粉層の細胞では，休眠中はアミラーゼ遺伝子の転写が抑制されていますが，ジベレリンによって抑制が解除されます。

発芽が光によって促進される種子があり，**光発芽種子**(ひかりはつがしゅし)といいます。**レタス**，**タバコ**，マツヨイグサの種子などが代表例です。

どんな波長の光でも発芽が促進されるわけではありません！ 発芽の促進には，赤色光が有効です。ということは……

フィトクロムですね！

大正解！ 胚にあるフィトクロムが赤色光を吸収してPfr型になると，ジベレリンの合成が促進されるんです。しかし，フィトクロムの変化は可逆的なので，赤色光を照射した直後に遠赤色光を照射すると，赤色光の効果が打ち消されてしまい，発芽できません。

赤→遠赤→赤→……と交互に照射した場合，最後に照射した光の効果が現れるんです！ 右の図を参照♪

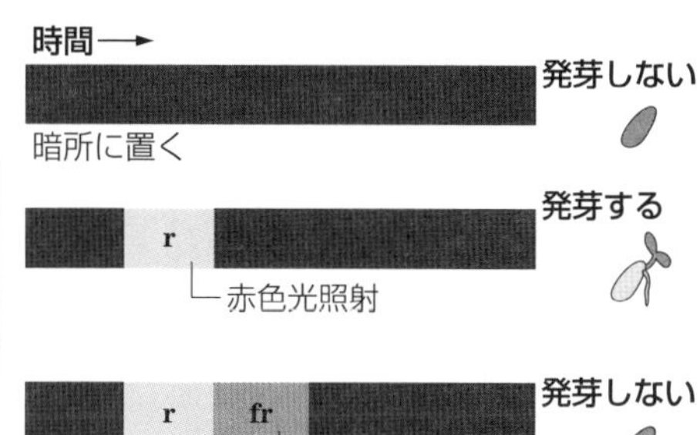

赤色光で発芽が促進され，遠赤色光で発芽が抑制されるんですね。これにはどういう意義があるでしょう？

あっ！ 上に葉が茂っているような環境では発芽しないということですね!! なるほどっ!!

そのとおりです。上に葉が茂っているような環境で発芽して，光合成ができずに枯死してしまうなんていう悲劇を防ぐことができますね。光合成では，遠赤色光をほとんどつかえないのです。ですから，光発芽種子をつくる植物は基本的に陽生植物（←光補償点の高い植物ですよ！）なんです。陰生植物だったら，上に葉が茂っている環境でも生育できますもんね。

光発芽種子とは逆に，光によって発芽が抑制される種子もあり，**暗発芽種子**(あんはつがしゅし)といいます。カボチャなどが暗発芽種子をつくる植物の代表例です。一般に，暗発芽種子は大型で多くの栄養分を蓄えている種子なんですよ。

2 植物の環境応答 ～花を咲かせるしくみ～

キクの花っていつ咲きます？

秋のイメージ……

正解！　そういう常識って大事！　コスモスは？

秋です！　漢字で書くと「秋桜」ですもん！

生物が日長や夜長の変化に反応することを**光周性**といいます。多くの植物の**花芽形成**は光周性によって起こることが知られています。花芽は，茎頂分裂組織（←茎や葉をつくる分裂組織）が変化して生じた「花をつくる芽」のことです。

❶ 花芽形成と光

コムギ，アブラナ(右上の写真)，ホウレンソウなどは，日長が一定以上になると花芽が形成されます。このような植物を**長日植物**といいます。

アサガオ，ダイズ，キク，コスモス（右下の写真）などは，日長が一定以下になると花芽が形成されます。このような植物を**短日植物**といいます。

また，これらに対して花芽形成に日長がかかわらない植物を**中性植物**といい，トマト，エンドウ，トウモロコシなどが代表例です。

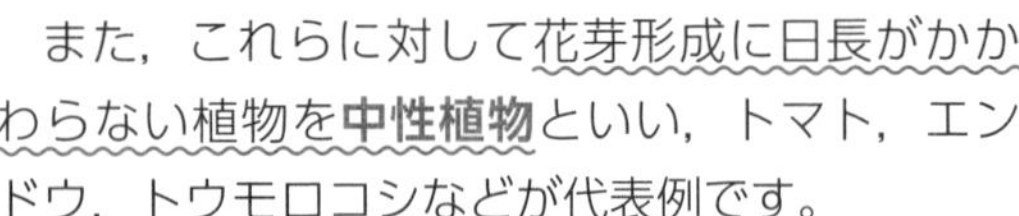

では，植物はどうやって日長変化を感じるんでしょう？

短日植物と長日植物をつかって，人工的に日長を変化させて花芽形成の有無を調べた結果を模式的に示したものが次のページの図です。

図中の**限界暗期**というのは，花芽形成が起きるかどうかの境界の連続暗期のことで，実際，その長さは植物ごとに決まっています。

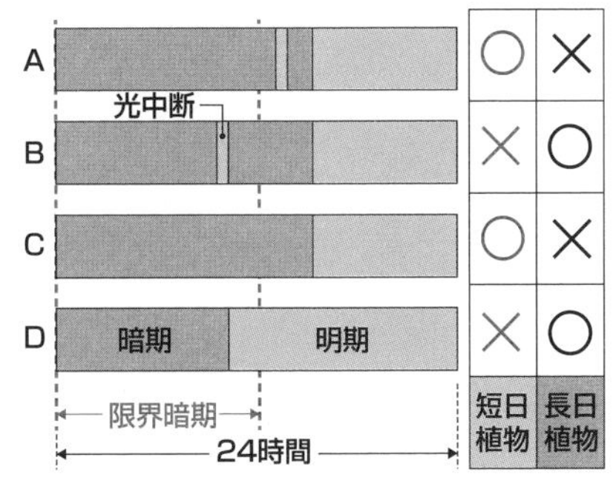

短日植物は，連続暗期が限界暗期を超えるようになると花芽を形成するんです！

先生，「連続暗期が……」ってことは，夜の長さが重要なんですか？

そのとおりです！　BとCの実験は日長（＝明期の長さ）が同じなのに結果が異なりますよね。BとDの実験は日長が異なるのに同じ結果です。だから，日長によって花芽形成の有無が決まるわけではなさそうですね？

さらに，Bの実験では，暗期の途中に短時間の光照射をしています。合計の暗期の長さはCの実験とほぼ同じなのに，結果が異なりますので，合計の暗期の長さで花芽形成の有無が決まるわけでもなさそう！

BとDの結果が同じになっていることもあわせて考えれば，たしかに連続暗期が重要と考えられますね！

そういうことです！　Bの実験では暗期の途中の光照射により結果が変わっています。このように，結果が変わるような光照射を**光中断**といいます。

❷ 花芽形成のしくみとフロリゲン

植物が連続暗期の長さを感知している場所は**葉**です！　葉で連続暗期の長さを感知すると，そこで花芽形成を促進するホルモンである**フロリゲン**がつくられ，これが師管を通って茎頂分裂組織に作用します。ですから，実験的に葉をすべて除去してしまった植物では，日長条件が整っても花芽形成することができません。

右の実験結果を見てみましょう！　つかった植物はオナモミなどの短日植物です。灰色で囲んだ葉だけ**短日処理**（＝限界暗期以上の連続暗期を与える処理）をし，その葉のすぐ上部の茎に**環状除皮**をしました。

環状除皮は，茎の形成層より外側を削り取る操作です（右下の図を参照）。これにより，師管が途切れてしまいますね。

環状除皮をした位置より上部の茎頂分裂組織にはフロリゲンが到達できず，花芽にならなかったんです。

木部　師部　形成層

フロリゲンは葉でつくられて，師管を通って……，そもそも，フロリゲンって何なんですか？　タンパク質？

奇跡の正解！　フロリゲンはタンパク質です！　フロリゲンの実体であるタンパク質は発見までの紆余曲折のせいで，植物によって名前が違うんですね，困ったことに。

シロイヌナズナのフロリゲンは **FT**，イネのフロリゲンは **Hd3a** というタンパク質です。

❸　春化

コムギは長日植物ですよね。コムギのなかでも秋まきコムギは，秋に種をまいて翌年の初夏に花芽形成します。しかし，秋まきコムギの種を春にまいても初夏に花芽形成できないんです。

日長条件以外の要因がかかわっているんでしょうか？

そうなんです。春にまいた種子が発芽したところで，0～10℃の低温条件下にしばらく置いてから生育させると，初夏に花芽形成するんです。つまり，低温の経験がないと日長条件が整っても花芽形成しないんです。このように，低温の経験によって花芽形成などの現象が促進されることを**春化**といいます。

春化は，春と秋を間違えないためのしくみと考えられます。

第7章

動物の環境応答 ～神経系を学ぶ～

～脳は宇宙だ！　学ぶほどに不思議だ！～

脳……これは人類がまだまだ解明しきれていないことが山盛りある領域です。たとえば『幸せな気持ち』って，実態は何なのでしょう？　『イライラする』って実態は何なのでしょう？　これらが解明されたらどんな世の中になるのでしょうか。仕事でイライラしない方法とかが確立したら嬉しいな！（←独り言です）

神経系については，研究の積み重ねでいろいろなことが解明されてきていますが，まだまだ謎がいっぱいです。神経系の分野のおもしろさは**「まだまだわからないことがいっぱい！」**というところにもありそうですね。また，日常生活のなかでふと**「これってすごいことだよね！」**と思うことも出てくると思います。僕は学生時代からずっとテニスをしていますが，飛んでくるボールの軌道や速度を予測し，適切にラケットを振って，イメージした場所にイメージした回転のボールを打ち込む。このとき，僕の脳ではどれほど複雑なことが起きているのでしょうか……？　気が遠くなりそうですね。

第７章では，受容器（眼や耳），中枢神経（脳，脊髄），筋肉，さらにはこれらを繋(つな)ぐ神経についての基本を学びます。『モノが見える』，『筋肉が動く』，『神経が興奮する』とはどういうことか。分子レベルで行われる脳の見事なしくみに触れてみてください。**「もっと知りたいからインターネットで調べてみよう！」**というような気持ちがこみ上げてきたら，すばらしいですね。

第7章　動物の環境応答 ～神経系を学ぶ～

ニューロンってなに？

大事なお仕事の前とか緊張します？

はい，私……メッチャ緊張します！

緊張したり，イライラしたりするのが「nervous」
ラテン語で神経繊維を意味する nervus が語源！

緊張を和らげるアドバイスをくれるわけではないんですね……

❶　刺激の受容

動物は外界からの刺激を**受容器**で受けとり，刺激に応じた反応を起こします。このとき反応を起こす筋肉などを**効果器**（作動体）といい，脳のような**中枢神経系**が末しょう神経を介して受容器と効果器の間の連絡をしています。

❷　ニューロン

神経系を構成する基本単位は**ニューロン**（神経細胞）です。ニューロンの構造は次ページの図を見てください。ニューロンは，核のある**細胞体**，長く伸びた突起である**軸索**（神経繊維），枝分かれした短い突起である**樹状突起**という3つの部分からなります。多くの軸索は，**シュワン細胞**という細胞が巻きついてできた**神経鞘**という薄い膜で包まれています。

私たち脊椎動物の神経繊維の多くにはシュワン細胞が何重にも巻きついた**髄鞘**という構造が存在しており，**有髄神経繊維**といいます。一方，無脊椎動物の神経繊維には髄鞘がなく，**無髄神経繊維**といいます。

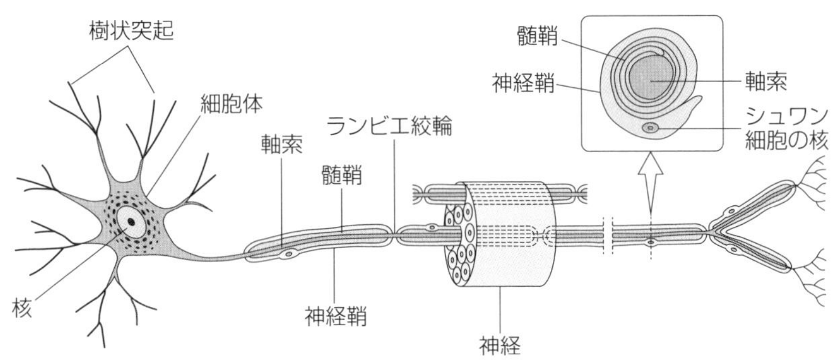

図の**ランビエ絞輪**(こうりん)って，何ですか？

髄鞘の切れ目の部分のことですよ。
フランスのランビエさんが発見したことにちなんだ名前です。

なお，神経繊維が何本も集まって束になったものを**神経**といいます。

神経は神経繊維の束！　神経は束!!　神経は束だよ!!!

ニューロンにはいろいろなものがあるんだけれど，大きく次の3つに分けられます。

①**感覚ニューロン**：受容器で受けとった情報を中枢に伝える。
②**介在**(かいざい)**ニューロン**：中枢神経系を構成し，複雑な神経ネットワークを形成する。
③**運動ニューロン**：中枢からの情報を効果器に伝える。

感覚ニューロンは下の図のように軸索が枝分かれしたような構造をしているんですよ！

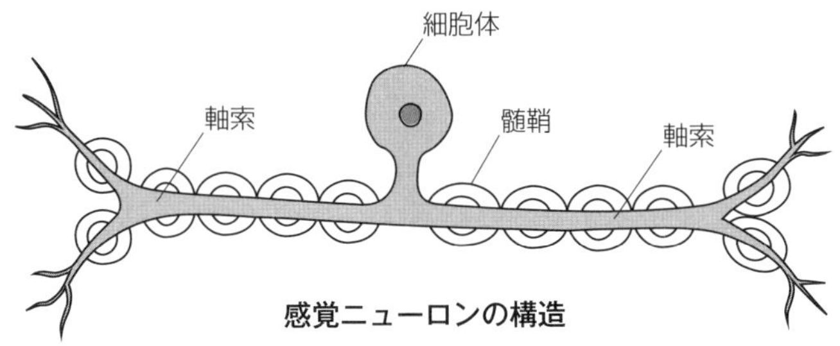

感覚ニューロンの構造

ジェットコースターとか興奮するよね！

そうですね。いきなりどうしたんですか？

生活のなかで使う「興奮」と，この分野で使う「興奮」は少しニュアンスが違うから注意してくださいね。

それを言いたかったんですね。

❸ 静止電位

ニューロンの軸索内に電極を入れ，刺激を受けていない状態での細胞内外の電位を測定すると，細胞膜の外側が正（+），内側が負（−）に帯電しているとわかります。このときの細胞膜の内外の電位の差を，**静止電位**（せいしでんい）といいます。

「電位」は，電気的なエネルギーの高さのことです。

軸索の細胞膜では**ナトリウムポンプ**がはたらいており，細胞外は Na^+ 濃度が高く，細胞内は K^+ 濃度が高くなっています。そして，細胞膜には常に開いている**カリウムチャネル**があり，このチャネルを通って K^+ が細胞外にもれ出すため，細胞膜の外側は正に帯電しているんですよ。

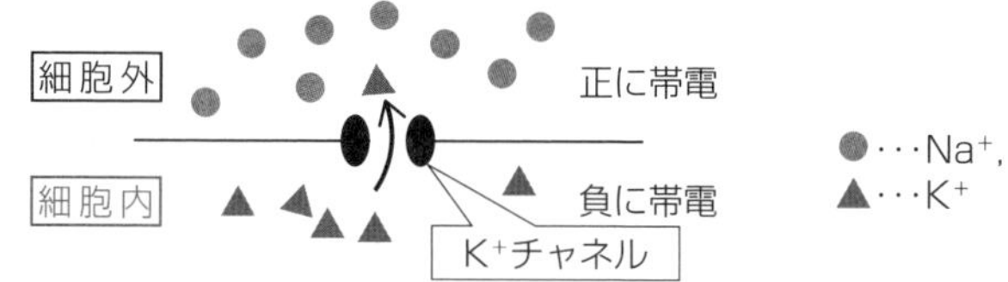

❹ 活動電位と興奮

ニューロンに刺激を与えてみましょう！　そうすると，細胞内外の電位が瞬間的に逆転して……，もとに戻ります。この電位変化を**活動電位**（かつどうでんい）といい，活動電位が発生することを**興奮**（こうふん）といいます。

どういうしくみで電位が逆転するんですか？

ニューロンの細胞膜には，電位変化によって開く**ナトリウムチャネル**（←**電位依存性ナトリウムチャネル**）があります。刺激を受けるとこのチャネルが開き，Na^+が……，

細胞内に入りますね！　あっ，そうすると細胞内が正になる！

そのとおり！　そして，ちょっとだけ遅れて**電位依存性カリウムチャネル**が開き，K^+が流出することでもとの電位に戻ります。

膜電位が上昇する過程　　**膜電位が下降する過程**

細胞外
電位依存性K^+チャネル
K^+チャネル
電位依存性Na^+チャネル
細胞内
活動電位

活動電位のようすを測定したグラフが右の図ですよ。細胞膜の外側を基準に細胞内の電位を測定しているので，静止電位の状態では負になっていますね（❶）。

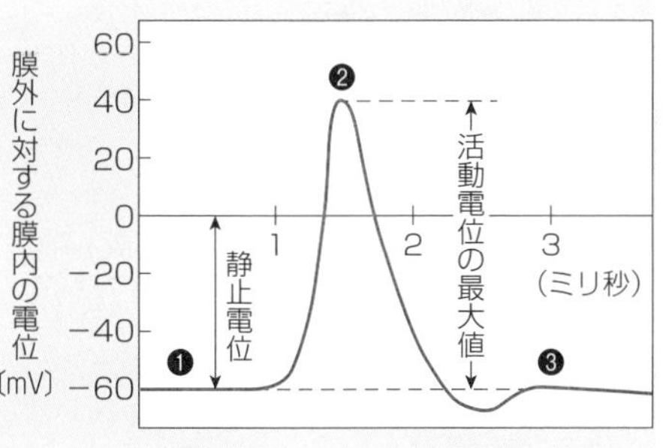

このグラフでは，静止電位は−60mVです。そして，Na^+の流入によって細胞内の電位が正になります（❷）。そして，K^+の流出によってもとの電位に戻っています（❸）。このグラフでは，活動電位の最大値は100mVです。

重要な用語の確認をします！　膜電位が静止電位の状態から正の方向に変化することを**脱分極**，負の方向に変化することを**過分極**といいますよ。

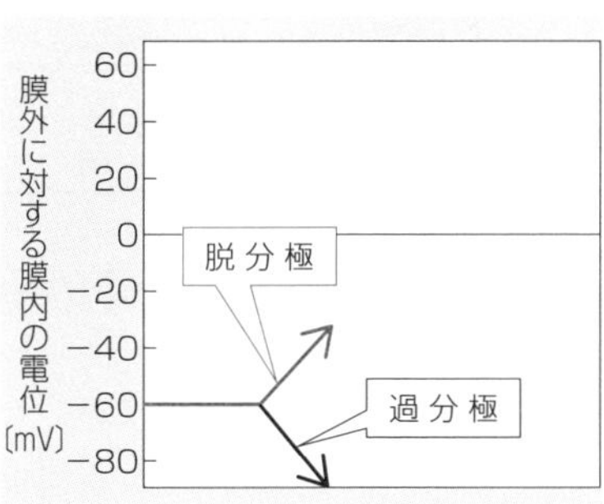

脊椎動物の神経繊維の多くは有髄神経繊維だね。

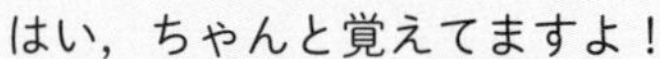

有髄神経繊維はスゴイんだよ！　何がスゴイかわかる？

髄鞘が何かするのかな……。

❺ 興奮の伝導

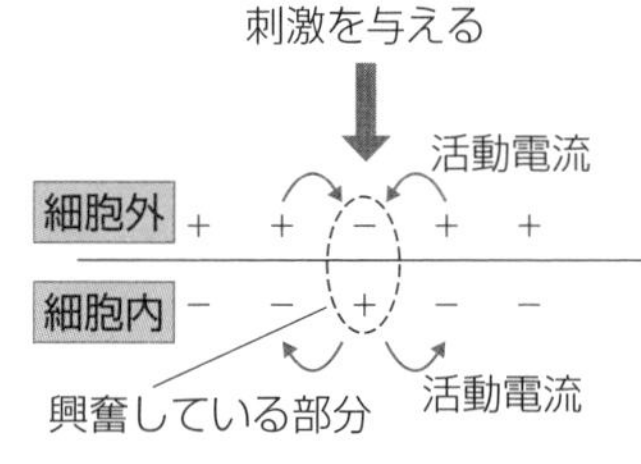

ニューロンが刺激を受けて興奮すると，隣接する静止部との間に局所的な電流が流れます。この電流を**活動電流**といいます。電流はプラスからマイナスに流れるので，右の図のような方向に流れます。

この電流が刺激となって隣接部が興奮します。そして，さらに隣接する部分に電流が流れて……，という具合に興奮がドンドンと軸索を伝わっていきます。これを興奮の**伝導**といいます。

興奮している部位と，直前に興奮していた部位の間では電流が流れないんですか？

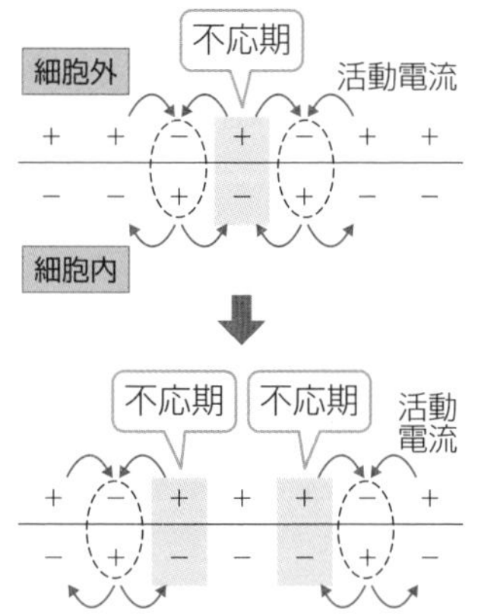

非常に鋭い質問ですね！　右の図のように，軸索の途中に刺激を与えた場合，刺激を受けた部位からその隣接部に興奮が伝導すると，直前に興奮していた部位との間で活動電流が流れます。

しかし，興奮が終わった直後の部位はしばらく刺激に反応できない**不応期**という状態になっていて，興奮しません。ですから，興奮がUターンするような伝導は起こらないんですよ。

❻ 跳躍伝導

さぁ，冒頭の質問「有髄神経繊維の何がすごいのか？」の答えに迫っていきましょう！　有髄神経繊維の髄鞘は絶縁性が高いので，髄鞘の部分には活動電流が流れないんです。ですから，有髄神経繊維では活動電流がランビエ絞輪からランビエ絞輪に流れ，興奮がランビエ絞輪の間を跳躍するように伝導します。このような伝導を**跳躍伝導**（ちょうやくでんどう）といいます。

有髄神経繊維は跳躍伝導を行うため，興奮を伝導する速度が無髄神経繊維よりもはるかに大きいんです。有髄神経繊維，スゴイですね！

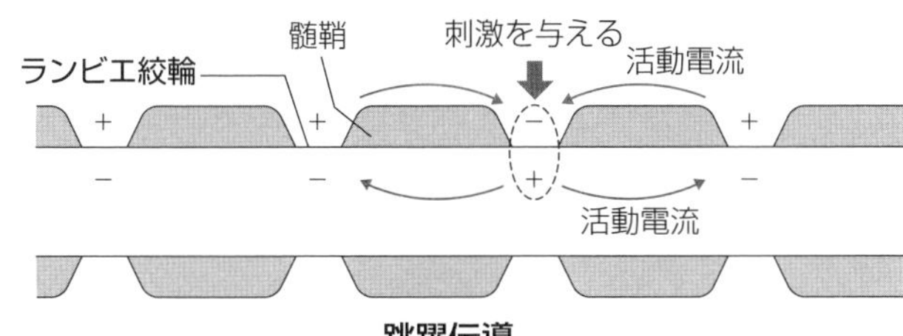

跳躍伝導

跳躍伝導は1938年に田崎一二（たさきいちじ）さんによって発見されました。1938年ですよ！　かなり昔ですよね？

❼ 興奮の伝達

興奮が軸索末端（神経終末）まで伝導していくと，ほかのニューロンに興奮を伝えます。これを興奮の**伝達**（でんたつ）といいます。伝導と間違えないように注意してくださいね！

軸索末端は，ちょっとだけ隙間（すきま）を隔ててほかのニューロンや効果器と連絡しており，この部分を**シナプス**といいます。興奮は軸索末端から次の細胞へと一方向に伝達します。シナプスで興奮を送る側の細胞が**シナプス前細胞**（ぜんさいぼう），受け取る側の細胞が**シナプス後細胞**（こうさいぼう）です。シナプスの隙間そのものは**シナプス間隙**（かんげき）といい，シナプス間隙に面したシナプス前細胞の細胞膜が**シナプス前膜**（ぜんまく），シナプス後細胞の細胞膜が**シナプス後膜**（こうまく）です。

用語がいっぱい出てきましたけれど，そのまんまの名前の用語ばかりなので，わかりやすいはず!!

では，伝達のしくみについて次のページの図を見ながら学んでいきましょう。

軸索末端には，興奮の伝達を担う**神経伝達物質**という物質を含んだ**シナプス小胞**があります。興奮が軸索末端まで伝導すると，**電位依存性カルシウムチャネル**が開き，Ca^{2+}が細胞内に流入します。すると，シナプス小胞がシナプス前膜と融合し，神経伝達物質がエキソサイトーシスによりシナプス間隙に放出されます！

シナプス後膜には神経伝達物質の受容体としてはたらくイオンチャネルがあります。このイオンチャネルは神経伝達物質が結合すると開き，細胞外のイオンがシナプス後細胞に流入します。その結果，シナプス後細胞で膜電位が変化します。この変化を**シナプス後電位**といいます。シナプス後電位が生じることでシナプス後細胞に興奮などの反応が起こります（下の図）。

シナプス後電位は英語で postsynaptic potential，略して PSP です！

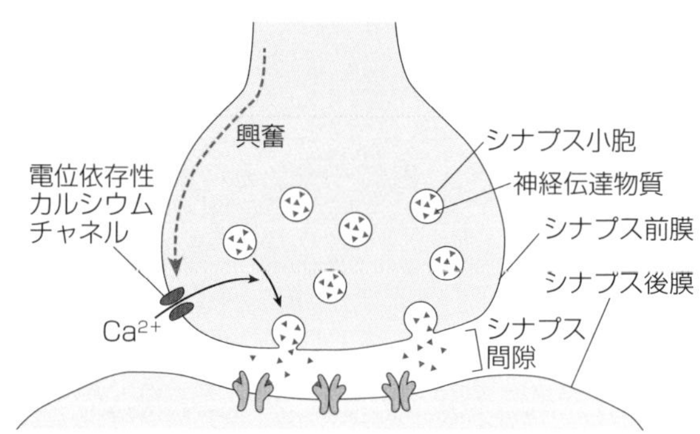

放出された神経伝達物質は，シナプス前細胞に回収されたり，酵素によって分解されたりするので，いつまでもダラダラと伝達の効果が持続するようなことはないんですよ！

神経伝達物質には，どんなものがあるんですか？

運動神経や副交感神経が用いる**アセチルコリン**が有名ですね。多くの交感神経が用いる**ノルアドレナリン**とか，中枢神経系の一部のニューロンが用いる**γ-アミノ酪酸**（GABA）なども重要ですよ。

❽ 興奮性シナプスと抑制性シナプス

シナプスには，放出される神経伝達物質の種類によって，シナプス後細胞を興奮させる興奮性シナプスと興奮を抑制する抑制性シナプスがあります。

興奮性シナプスの受容体はナトリウムチャネルであり，シナプス後細胞に脱分極を起こします。この電位変化を**興奮性シナプス後電位**（EPSP）といいます。逆に，抑制性シナプスの受容体は塩化物イオン（Cl^-）を通すチャネルであり，シナプス後細胞に過分極を起こします。この電位変化を**抑制性シナプス後電位**（IPSP）といいます。

E は excitatory の頭文字，I は inhibitory の頭文字です。

EPSP により膜電位が**閾値**まで脱分極すると……，シナプス後細胞に興奮が生じます（下の左図）。IPSP が生じると膜電位が閾値から遠ざかるため，興奮が発生しにくくなるんですね（下の右図）。

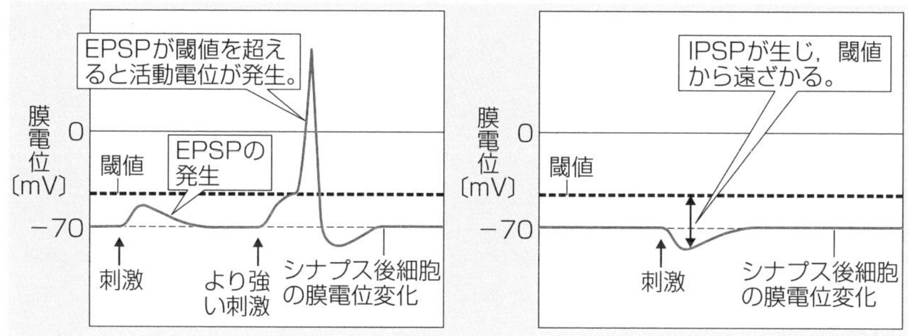

実際，1本のニューロンから1つの刺激を受けても，EPSP が閾値に達することはあまりなく，短時間に複数のニューロンからの刺激を受けることなどで EPSP が加重（加算）されて閾値に達し，シナプス後細胞に興奮が発生します（右図）。

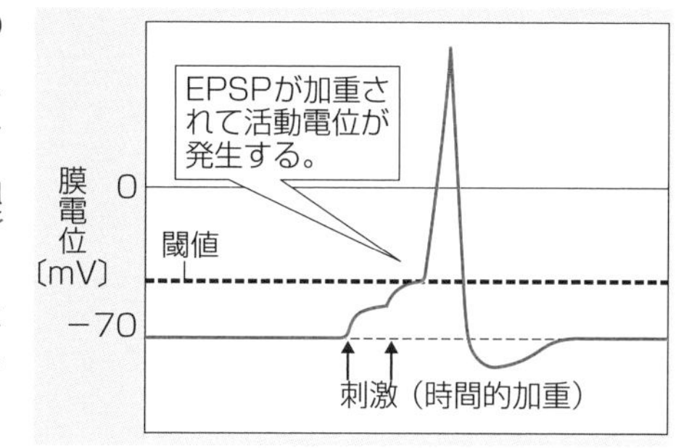

EPSP と IPSP が同時に起こった場合，EPSP の効果が弱められ，シナプス後細胞に興奮が発生しにくくなります。

2 眼と耳について学ぶ

1 視覚

視力はよいですか？

はい，裸眼でバッチリ見えます！

いいなぁ～，僕は水晶体での光の屈折率を小さくするのが苦手でねぇ……

先生，「眼が悪い」をマニアックに表現してる……

❶ ヒトの眼の構造

まずは……，各部位や細胞の名称を知らないと話が進みません。覚えてください……，というと，シンドイですね？　ここからの説明のなかで「それ何だっけ？」となったら，その都度この下の図に戻ってきてチェックしてください！　そういう作業のくり返しのなかでジワジワ～と理解や記憶が定着していきます。

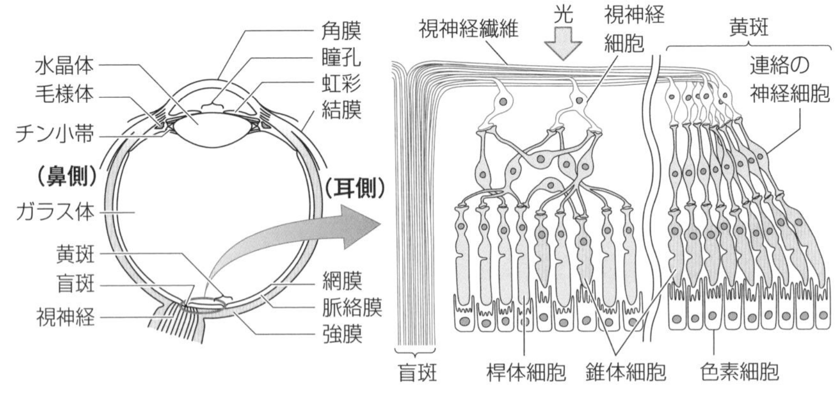

前ページの左側の図は眼を水平に切った断面図を上側から見ているんですが……，これは右眼？　左眼？

えっ!?　名称を読むのに一生懸命でした。

第４章「生殖と発生」でもいったように，図を見るときは方向などを意識することが大事なんですよ！　**網膜**の中央部は**黄斑**といいます。黄斑よりも少し鼻側に**盲斑**があります。

盲斑が鼻側ということは……，この図は右眼ですね！
この図の鼻側に鼻の絵，耳側に耳の絵を描いたらわかりました！

大正解!!

❷　網膜

光は**角膜**と**水晶体**（レンズ）で屈折して網膜上に像を結びます。そして，網膜には光を吸収して興奮する**視細胞**があります。視細胞には**錐体細胞**と**桿体細胞**の２種類があります。

円錐形なので錐体，棒状なので桿体という名前なんです。
網膜は**ガラス体**側から「**視神経細胞**→連絡の神経細胞→視細胞→色素細胞」の順に細胞が存在していますね！

錐体細胞は閾値が高く，明所でのみはたらき，色の区別に関与しています。一方，桿体細胞は閾値が低く，薄暗い場所ではたらき，明暗の区別は認識しますが色の区別には関与しません。錐体細胞は黄斑に集中して存在するのに対し，桿体細胞は黄斑を除く網膜の周辺部に多く分布しています。

視細胞が光を吸収して興奮して……，
そのあと，どうなるんですか？

視細胞の興奮が，連絡の神経細胞，さらに視神経細胞と伝わっていき，視神経が大脳まで興奮を伝えて**視覚**が生じるんです。このとき，視神経繊維は盲斑に集まり，束になって網膜を貫いて眼球の外に出ていきます。ですから，盲斑には視細胞が存在しないんです。

❸ 盲斑

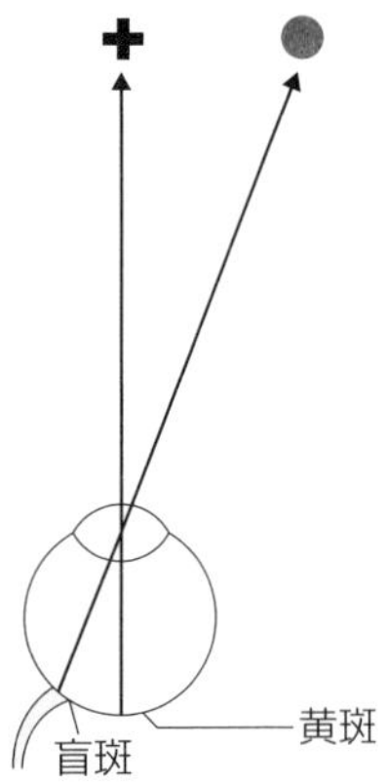

右の図を見てください。右眼で＋印を注視している状態の模式図です。ジ～っと見ているものの光は黄斑に届くんですよ！　このとき，●印から出た光は……，盲斑に届いていますね！　つまり，盲斑に届いた光は認識できないので●印は見えないんです！

この図からわかるように右眼の場合，視野の右側に認識できない部分が存在します。ちょっと実験してみましょうか？

左眼を閉じ，下の＋印を右眼でジッと見ながら，本書と眼の距離を変えてみてください！

おおおぉぉ！　●が消えました!!

2 聴覚

モスキート音って，知ってます？

はい，あのキーンっていう高い音ですね。

あっ，やっぱり聞こえるのね？　若いなぁ……

あっ，やっぱり先生は聞こえないんですね！

❶ ヒトの耳の構造

ヒトの耳は外耳・中耳・内耳からなります。まずは，耳の構造をよく見てみましょう！

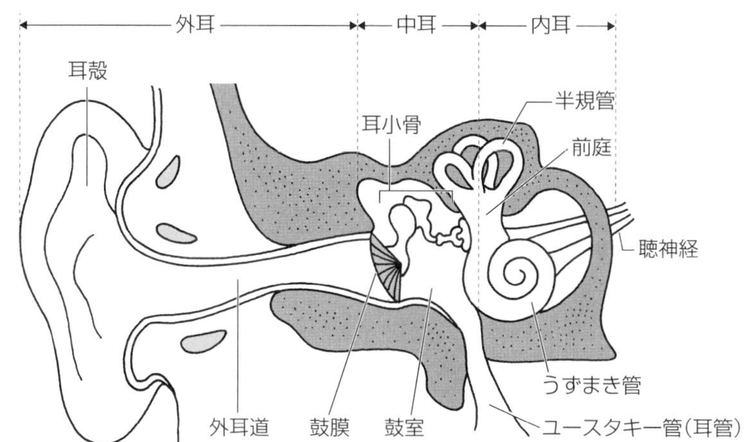

用語がイッパイあるんだけど，まずは聴覚にかかわる部分を優先的にインプットしていきましょう。

音波は**耳殻**によって集められて，**外耳道**を通って**鼓膜**に到達し，鼓膜を振動させます。鼓膜の裏側には**耳小骨**という小さ～い３つの骨が繋がっていて，これが振動を増幅して内耳の**うずまき管**に伝えます。聴細胞は，うずまき管のなかにあります。

3 脳について学ぶ

ヒトの大脳皮質にはニューロンが 160 億個もあるんですよ！

スゴイですね！

そのうちの約 20% は IPSP を生じさせる抑制性ニューロンなんですよ！

先生，会話に復習を組み込んできますね！

ニューロンがいっぱい集まっている部分が中枢神経系。脊椎動物の中枢神経系は，**脳**と**脊髄**です。まずは，脳の構造を押さえましょう！

脳は前側（←頭の先端側）から順に，**大脳**・**間脳**・**中脳**・**延髄**と並んでおり，中脳から延髄の背側には**小脳**があります。この配置は，ヒトでも，ヘビでも，カエルでも共通なんです！

間脳・中脳・橋・延髄をまとめて**脳幹**といいます。脳幹には，生命維持に関する重要な機能が多くあるんですよ。

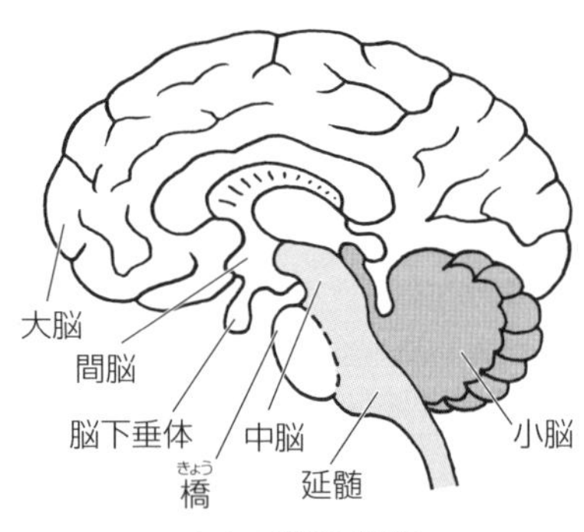

ヒトの脳の構造

まずは大脳について学びましょう！　大脳は左半球と右半球に分かれていて，これを**脳梁**という神経繊維の束が繋いでいるんです。

「梁」は訓読みすると「はり」。建物で水平方向にかけられた木材のことです。映像的にわかりやすい名前ですね！

大脳の外側は**大脳皮質**，内部は**大脳髄質**です。大脳皮質は灰白色をしているので**灰白質**，大脳髄質は白色なので**白質**といいます。

ニューロンの細胞体が多く集まっていると灰白色になり，神経繊維（軸索）が多く集まっていると白色になるんですよ！

大脳皮質はさらに**新皮質**と**辺縁皮質**に分けられ，ヒトでは新皮質がとっても発達しています。新皮質には，視覚や聴覚などの感覚中枢，随意運動の中枢，思考や理解といった精神活動の中枢などがあり，場所ごとに担うはたらきが決まっています。辺縁皮質には欲求や感情（←「お腹が空いた……」「怖いよぉ～！」といった気持ち）にもとづいた行動の中枢や，記憶などにかかわる領域である**海馬**などがあります。

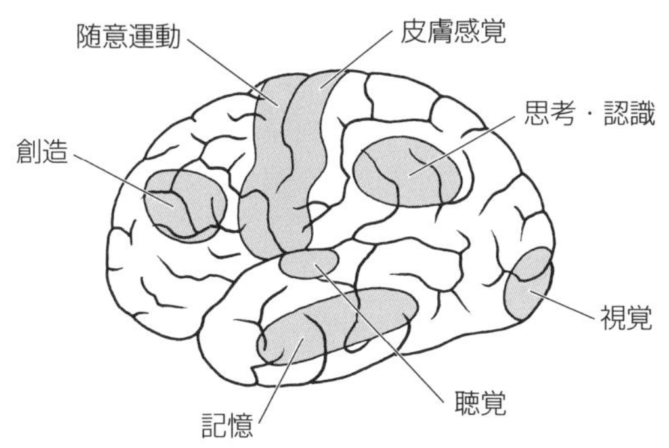

ヒトの大脳皮質の主な機能領域

間脳は，**視床**と**視床下部**から構成されています。多くの感覚神経は，視床で中継されて大脳皮質へと向かいます。視床下部は自律神経の最高中枢として恒常性において重要な役割を果たしています。

ヒトの視床下部は……，たった4gしかないんですよ！

大脳以外の部位のはたらきを下の表にまとめました！

<table>
<tr><td rowspan="2">間脳</td><td>視床</td><td>感覚神経の中継</td></tr>
<tr><td>視床下部</td><td>自律神経の最高中枢</td></tr>
<tr><td>中脳</td><td colspan="2">姿勢反射の中枢，瞳孔の大きさの調節中枢</td></tr>
<tr><td>小脳</td><td colspan="2">からだの平衡を保つ中枢（←随意運動の調節などの中枢）</td></tr>
<tr><td>延髄</td><td colspan="2">呼吸運動や心臓の拍動の中枢
消化管の運動や消化液分泌の中枢</td></tr>
</table>

第7章　動物の環境応答 ～神経系を学ぶ～

筋肉と行動

目の前にクマが現れた！

もちろん，ダッシュで逃げます！

このように，筋肉は突然，大量のATPを必要とする器官なんですよ！

単にATPを多く消費するんではなく，突然ATPを多く消費することが特徴なんですね。

❶　筋肉の構造

骨格筋は，**筋繊維**（きんせんい）という多核細胞からなり，筋繊維の細胞質には**筋原繊維**（きんげんせんい）というタンパク質の束がいっぱい詰まっています。筋原繊維は**筋小胞体**（きんしょうほうたい）という小胞体に包まれていて，筋小胞体は内部にCa^{2+}を蓄えています。さらに……，筋小胞体は細胞膜が窪（くぼ）んでできたT管という管と接しています。

T管のTはtransverse（＝横断する）の頭文字！
「筋小胞体の間を横断している管」というイメージですね。

骨格筋や心筋の筋繊維にある筋原繊維を顕微鏡で見てみると，暗く見える**暗帯**と明るく見える**明帯**が交互に連なった縞（しま）模様が見られるので，これらの筋肉は**横紋筋**（おうもんきん）といいます。

心筋以外の，内臓で見られる筋肉（消化管や血管の筋肉）は，縞模様が見られない平滑筋ですね。

明帯の中央には**Z膜**という仕切りがあり，Z膜とZ膜の間は**サルコメア**（筋節）といい，筋原繊維はこのサルコメアがくり返されたものなんです。

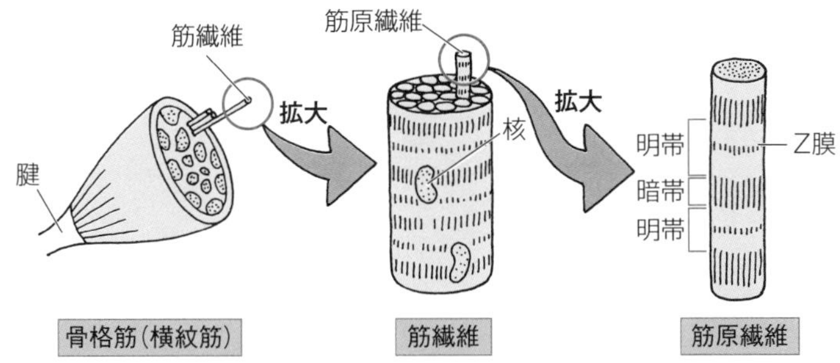

サルコメアの構造を見てみましょう！　Z 膜の両端に**アクチンフィラメント**が結合しており，アクチンフィラメントの隙間にはまるように太い**ミオシンフィラメント**が存在していますね。

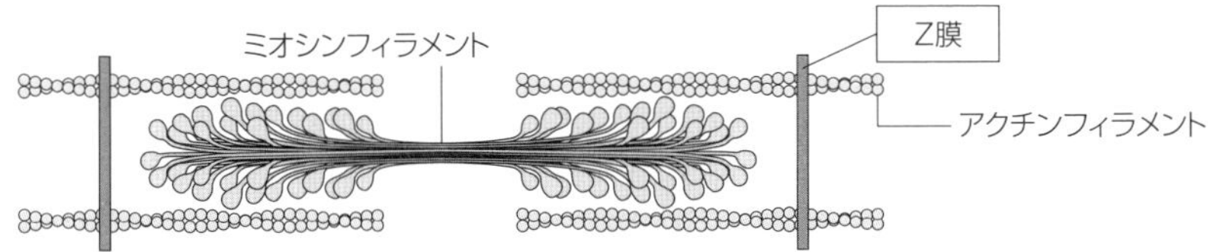

ミオシンフィラメントの両側にある突起みたいな部分はなんですか？

ミオシンフィラメントはモータータンパク質である**ミオシン**が束ねられたものです。ミオシンには ATP 分解酵素としてはたらく**ミオシン頭部**という部分があり，ミオシン頭部がこの突起です！

❷ 筋収縮のしくみ

筋収縮のしくみを見てみましょう！　筋収縮は次の❶〜❹のしくみがくり返されて起こります（次のページの図）。

❶アクチンと結合しているミオシン頭部に ATP が結合すると，ミオシン頭部がアクチンから離れる。
❷ ATP が分解されて，ミオシン頭部が変形する。
❸ミオシン頭部がアクチンに再び結合する。
❹ミオシン頭部から ADP とリン酸が離れるとともに，ミオシン頭部が曲がり，アクチンフィラメントをサルコメアの中央に向かってたぐり寄せる。

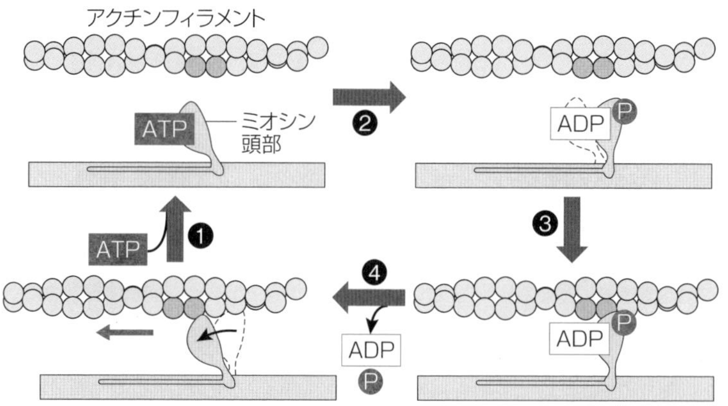

myo- はギリシャ語で「筋肉」という意味です。ミオシンのほかに，筋肉に含まれるミオグロビンなどの語源でもあります。

アクチンフィラメントはアクチンが繋(つな)がった細胞骨格でしたね！　筋肉が弛緩しているときは，アクチンに**トロポミオシン**というタンパク質が結合しており，ミオシン頭部がアクチンに結合できなくなっています。

アクチンフィラメント

筋繊維が興奮すると，興奮が筋小胞体に伝わり，筋小胞体の膜にあるチャネルが開いて Ca^{2+} が細胞質基質中に放出されます。アクチンフィラメントのトロポミオシンには所々に**トロポニン**っていうタンパク質が結合しているでしょ？　Ca^{2+} はこのトロポニンに結合するんですよ！

すると，トロポミオシンの構造が変化して，アクチンとミオシン頭部が結合できるようになります。

そうすると，p.169 の説明にあったしくみで筋収縮を起こせるんですね！

筋繊維の興奮がなくなると，Ca^{2+} ポンプによって Ca^{2+} は筋小胞体に取り込まれ，再びトロポミオシンがアクチンに結合します。

第**8**章

生物の進化

～「進化」といえば恐竜の研究？　いえ，全然違います！～

『進化』と聞くと何を思い浮かべますか？　やっぱり恐竜とかじゃないですか？　もちろん，恐竜も重要ですが，進化の研究は化石発掘ではありません。

「じゃあ，進化の研究って何をするの？」と思われることでしょう。研究の目的はさまざまですが，『類縁関係の推定』，『進化のしくみの解明』などが重要になると思います。

「ヒトと最も近い生物はチンパンジー！」なんて聞いたことありませんか？　なぜ，そういう結論になったのでしょう。なぜ，ゴリラよりもオランウータンよりもチンパンジーが近いんでしょうか。では，ウニとタコはどっちのほうがヒトに近いのかわかりますか？　圧倒的にウニのほうが近いんですが，ちょっと感覚的にはわからないのではないでしょうか。気になってきましたね。第８章を読みたくなってきたはずです。

コウモリもイルカもヒトも哺乳類です。祖先をずっと辿っていけば共通の祖先がいますが，今はまったく違った生活をしています。一体，どういう理由でどういったしくみでこのように進化したのでしょうか？　これに対して合理的な仮説を構築するのも進化の研究です。

進化は目的をもって進むのではありません。**「もっと●●するために，こんなふうに進化しよう！」**ということはなく，たまたま有利な特徴をもった個体が多くの子孫を多く残すことで進化が進んだり，偶然の影響により進んだりします。

第８章では，進化のメカニズムを中心に説明しながら**「なるほど，進化はこんな感じで進むのか！」**という正しい感覚をもっていただければと思います。

第8章　生物の進化

生物進化の歴史

ヒトにはないけどゴリラにはある特徴，わかりますか？

ええっ!?　ヒトにある特徴なら簡単なのに……

いっぱいありますよ！「大後頭孔が背側にある」とか！

そんな「常識じゃん♪」みたいに言われても……

❶　霊長類の出現

ヒトの進化の前半は「**霊長類**の出現」です！

霊長類（←サルのなかま）の祖先は，哺乳類のなかの**食虫類**のようなグループと考えられています。新生代になると，このグループが樹上生活を始め，樹上生活に適応していったんです。

樹上生活に適応したっていうことは，具体的にどういう変化が起きたんですか？

まずは指です！　霊長類の指は，**拇指対向性**といって親指と他の4本の指が向かい合っているので，木の枝などをつかみやすくなっています。また，爪が**平爪**になっています。下の図のツパイの手（←原始食虫類に似ている）のようなかぎ**爪**ではちゃんと枝を握れませんね。

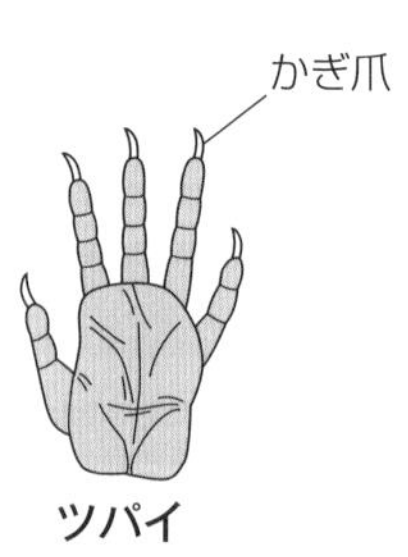

ツパイ

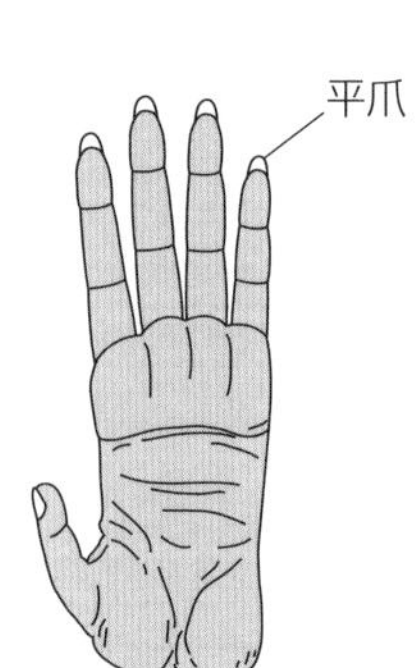

オランウータン

もう1つは眼です！

霊長類の眼は顔の前面にあります。すると，両眼で見れて立体視できる範囲が広くなります。これで「隣の枝にジャンプ！」とかがしやすくなりますよね。

また，霊長類は嗅覚よりも視覚に依存するように進化しました。

新第三紀の初期に，霊長類から**類人猿**が現れました！　現生の類人猿のなかにはゴリラのように地上生活をするものもいますね。

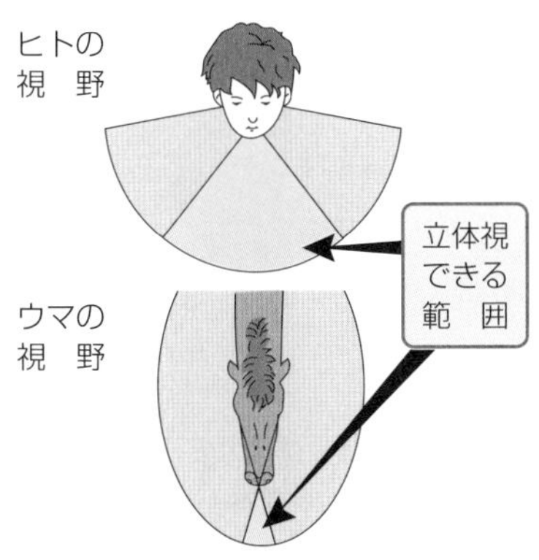

類人猿は，ヒトに似た形態をもつ比較的大型の霊長類で，尾をもたないという特徴があります！

❷ ヒトへの進化

ヒトの進化の後半は「類人猿からヒトへの進化」です！

この進化の過程で何が起きたのかというと……，**直立二足歩行**です。直立二足歩行を行う点がヒトの特徴です。最古の人類の化石はアフリカの約700万年前の地層から発見されています。さらに，約420万～150万年前の地層からは**アウストラロピテクス**の化石が多数発見されています。これら初期の人類は**猿人**といわれています。

チンパンジー，アウストラロピテクス，**ホモ・サピエンス**（現代人）の頭骨を比較した下の図と全身骨格を比較した次のページの図を見てみましょう！

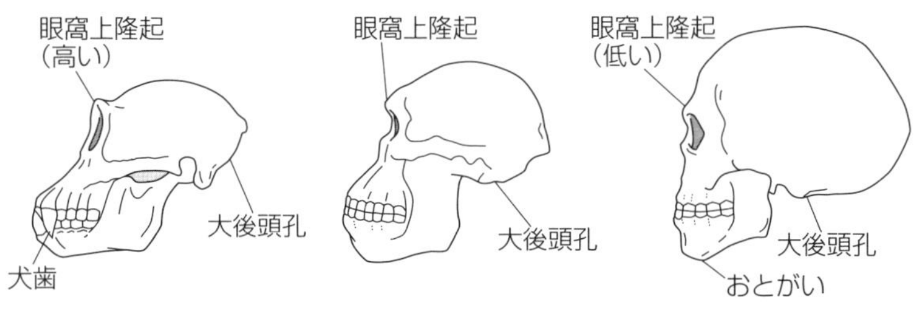

頭骨の比較

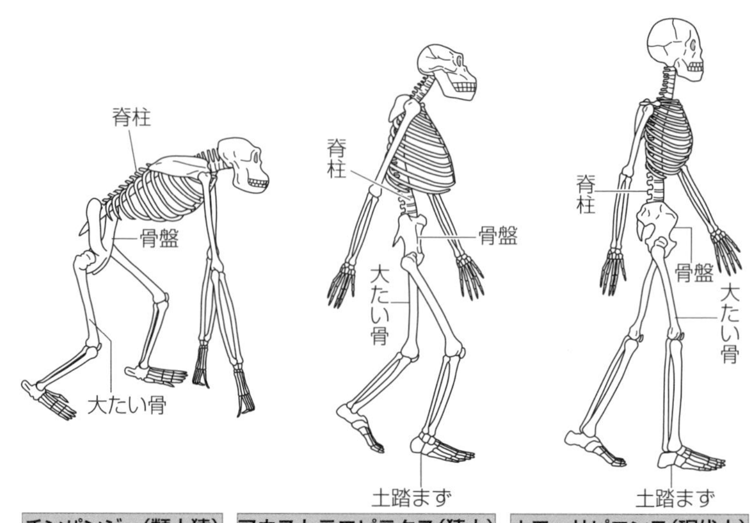

全身骨格の比較

頭骨を比較したら何がわかるでしょう？

大後頭孔っていうものの場所が違います！
そもそも大後頭孔が何か知りませんけど……

大後頭孔の説明からしましょう。頭骨には何か所も孔があり，大後頭孔は脊椎（←背骨のこと）が繋がっている位置の孔です。つまり，この孔には中枢神経が通っています。直立二足歩行をするには，頭骨の真下の位置で頭を支えないとシンドイですよね？　よって，ホモ・サピエンスの場合，大後頭孔が頭骨の真下に存在します！

また，進化にともなって眼の上の骨の隆起（**眼窩上隆起**）が小さくなっています。さらに，ホモ・サピエンスでは，顎の先端がとがっていますね？（前ページ下の図）　このとがった部分は**おとがい**といいます。おとがいは類人猿や猿人の顎にはありませんね。

全身の骨格を見てみましょう！

類人猿は腕が長い～！

正解です！　人類は直立二足歩行することで腕（＝前あし）を移動のために使わなくなりました。その結果，腕がコンパクトになりさまざまな作業に用いることができ，脳の発達に繋がったんです！　調子がいいですね，ほかにはどんな違いがあるでしょう？

何と言えばいいんだろう……，チンパンジーは猫背というか……

OK！　人類の脊椎はS字状に湾曲していて，直立二足歩行の衝撃を和らげてくれています。また，人類のあしには**土踏まず**（つちふまず）があります。これも直立二足歩行の衝撃を和らげてくれるんです。

また，この図ではわからないですが，類人猿からホモ・サピエンスへの進化の過程で**骨盤**（こつばん）が横に広くなっていくんです。これで，直立した姿勢で内臓を支えられるようになったんです！

このような変化にともない，大脳がドンドン発達していったと考えられています。

❸　ホモ・サピエンスの出現と拡散

アフリカで出現した人類が，どのように世界に広がっていったのかを学びましょう。

約250万年前になると，猿人のなかから**ホモ・エレクトス**などの**原人**（げんじん）が現れました。原人の化石はアフリカだけでなくアジアやヨーロッパでも発見されていますので，人類がついにアフリカ大陸から出たということですね。原人は形の整った石器を使い，火を使用していた証拠もあります。脳容積は約1000mLでした。猿人の脳容積はゴリラとほぼ同じで約500mLですので，脳容積が一気に大きくなったんです！

約80万年前には脳容積がさらに大きな**旧人**（きゅうじん）が現れました。そして，約30万年前の中近東からヨーロッパに**ネアンデルタール人**という旧人が広がりました。ネアンデルタール人は骨格が頑丈で，脳容積も大きく，ある程度の文化もあったようですが，寒冷化などの要因で約3万年前に絶滅しました。

そして，約30万年前，いよいよホモ・サピエンスが出現！

ミトコンドリアのDNAなどの解析から，ホモ・サピエンスのなかでも，われわれ現生人類の直系の祖先は，約20万年前のアフリカで誕生したと考えられています。そして，その一部が約10万年前から世界各地に広がっていきました。

かつては数種類の人類が生息していたようですが，現在の人類はホモ・サピエンス1種のみとなっています。参考までに，ホモ・サピエンスが世界に拡散していったようすを見てみましょう。

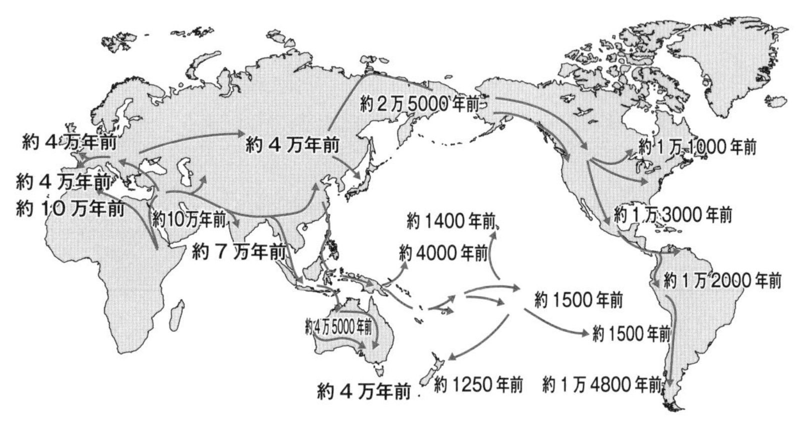

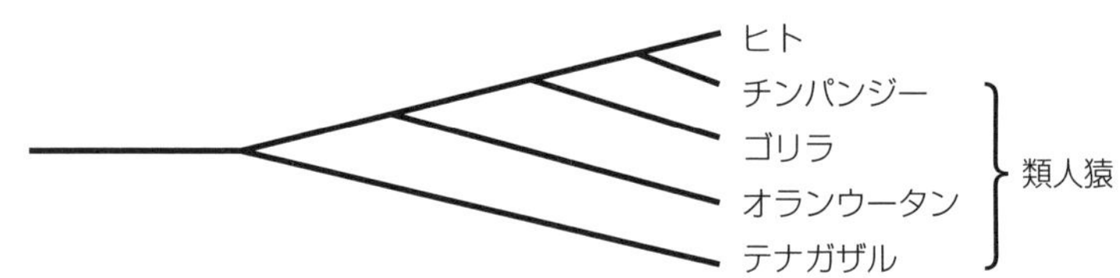

2 進化のしくみ

進化を身近に感じることってなかなかないですよね？

最近ハマってるスマホゲームの主人公が昨日，進化しましたよ。

う～～ん，困った……。生物学の進化の話なんですけど！

さすがに，ゲームの話ではないだろうとは思っていました，すいません……。

まず，そもそも「進化」とは何でしょう？

……生物が変化することでしょうか？

バツとはいえませんが不十分です。いやぁ，定義って難しいですよね。進化というのは，何世代も経るなかで生物の集団が変化していくことを指します。

つまり,「集団のなかに新しい形質をもつ個体が１個体出現した！」というのは進化ではないんですよ。

また，進化は目的をもって進むものではありません。「より多くの餌を獲得するために……」「雌にモテるために……」というような進化はありません。

❶ 突然変異

進化は，集団のなかで**突然変異**(mutation)が起き，生じた新しい対立遺伝子が**自然選択**や**遺伝的浮動**（⇒ p.179）といった要因によって集団内に広がることにより起こります。

集団内に見られる形質の違いは**変異**（variation）といいます。変異には**遺伝的変異**（←遺伝する変異）と**環境変異**（←遺伝しない変異）があり，遺伝的変異は突然変異によって生じます。

「血液型」などは遺伝的変異,「計算が得意」などは環境変異ですね。

❷ 自然選択による適応進化

集団には遺伝的変異があり，生存や繁殖に有利なものや不利なもの，さらに中立的なものがあります。生存や繁殖に有利な形質をもつ個体は，多くの子孫を残すことができますね。これを**自然選択**といいます。自然選択の結果，有利な形質をもつ個体の割合が高まり，環境に**適応**した集団になっていきます。これを**適応進化**といいます。

自然選択による適応進化の例を見ていきますよ！

❶ 工業暗化

イギリスに生息するオオシモフリエダシャクというガの一種の体色には明色型と暗色型があり，もともとは大半が明色型だったんです。しかし，19世紀後半に工業地帯からの排煙が原因で，樹皮が黒っぽくなり，目立つようになった明色型の個体の多くが天敵に捕食されてしまいました。

その結果，リバプールなどの工業地帯では9割以上のガが暗色型になったんです！　この現象を工業暗化といいます。

人間の活動が原因で，一気に適応進化が進んでしまったイメージですね。

❷ 共進化

適応進化は「暑い」「暗い」といった非生物的環境への適応だけでなく，ほかの生物との関係に対して適応することがあります。このような，生物が互いに影響を与えながら進化する現象を**共進化**といいます！

右の図を見てみましょう！　マダガスカル島に生育している花，アンガレカム・セスキペダレ（ランのなかま）の断面とその蜜を吸うガ（キサントパンスズメガ）の図です。

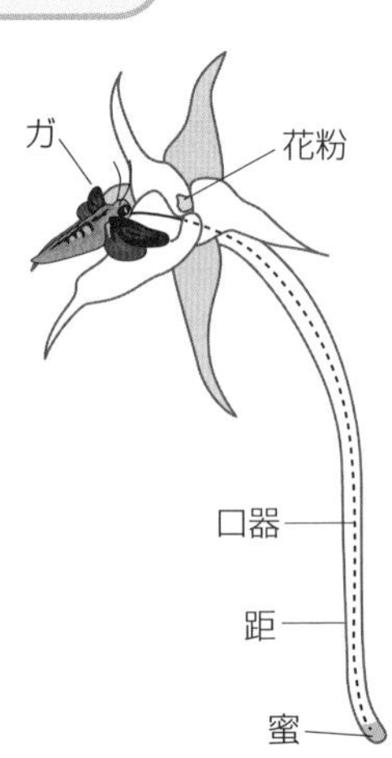

ガの口器は長すぎやしませんか？

この花は距という管の奥に蜜を溜めるんです。こんな位置にある蜜には，普通の口器では届かないですよね？　でも，たまたま長〜い口器をもったガは蜜を吸えて有利だったので，口器が長くなるような適応進化をしたんですね。

一方，花の側からすると，距が長いほうがガに多くの花粉をつけることができて有利なので，距が長くなるような適応進化をします。結果として，ガの口器がドンドン長く，距もドンドン長くなるような共進化をしたんですね。

ほかの生物と似た色や形になる**擬態**，配偶行動において異性に選ばれるかどうかによる**性選択**も自然選択の代表例ですよ。

❸ 遺伝的浮動

次は遺伝的浮動の説明です！　これを理解するためには，生物集団を**遺伝子プール**として見られるようになっておく必要があります。

プールっていうのは，あの泳ぐプールですか？

まぁ，泳ぐわけじゃないけれど，そのイメージかな。たとえば，左下の「3個体の集団」がありますよね？　この集団を右下のように「6個の遺伝子からなるプール」って考えるんですよ。

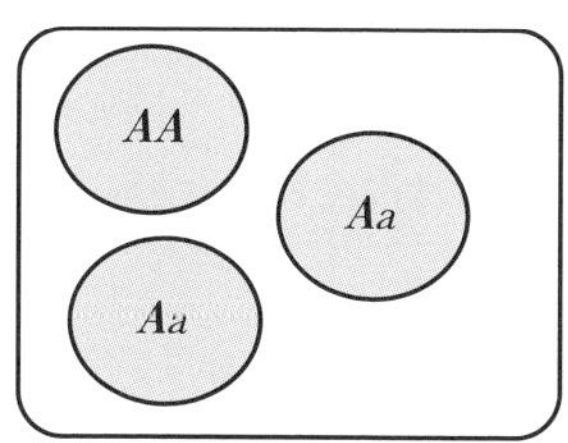

3 個体の集団

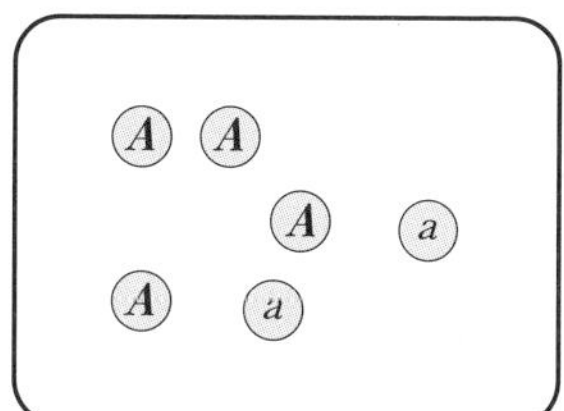

6 個の遺伝子からなる遺伝子プール

遺伝子プールを見ると，この集団における遺伝子 A の頻度が $\frac{2}{3}$ とわかりますよね？　進化というものは「遺伝子プールを構成する遺伝子頻度が変化していくこと」ととらえることができるんです。

遺伝的浮動というのは，偶然に遺伝子頻度が変化することです。すべての進化を適応進化で説明できるわけではありません。だって，進化には偶然の影響が必ずありますからね。

小さい集団ほど偶然の影響を受けやすい。
つまり，遺伝的浮動は，小さい集団のほうが起こりやすいんです！

第8章 生物の進化

新たな突然変異が起こり，DNA の塩基配列やタンパク質のアミノ酸配列が変化しても，形質に変化が起こらず自然選択を受けない場合が多くあります。このような突然変異を**中立な突然変異**といいます。

中立な突然変異によって生じた新たな対立遺伝子は，その後どうなっていくのでしょうか？　集団に広がらずに消えることが多いのですが，遺伝的浮動によって集団に広がることもあります。このようにして起こる分子レベルでの進化は，**中立進化**といいます。

❹　隔離と種分化

1つの種から新しい種ができたり，複数の種に分かれたりすることを**種分化**といいます。種分化は**隔離**によって起こります。

山脈や海などの形成によって遺伝子プールが分断されることを**地理的隔離**といいます。分断された集団はそれぞれの環境に適応しながら進化していきます。長い年月の間に遺伝的な差異が大きくなっていき，両者が交配できなくなる場合があります。このような状態を**生殖的隔離**といいます。生殖的隔離が成立すると，両者は別の種と考えられ，種分化が起きたことになります。

地理的隔離による種分化では，新たに生じる複数の種が異なる地域に分布する状態になりますね。このような種分化を**異所的種分化**といいます。

ガラパゴス諸島にはダーウィンフィンチという鳥が 14 種も分布しています。これは異所的種分化の代表例です！

一方，地理的隔離を受けていない状態で種分化が起こる場合もあり，これは**同所的種分化**といいます。

同じ場所にいるのに種分化が起こるって不思議ですね。

同じ場所にいても生殖できない集団どうしは，隔離された状態にあると考えることができます。

たしかに不思議に感じるかもしれませんね。具体的なイメージをつかむために，次の例を一緒に考えてみましょう！

ある昆虫Ｔは，植物Ａの果実に産卵し，幼虫がこの果実を食べます。この地域に植物Ｂが植えられ，一部の昆虫Ｔが植物Ｂの果実に産卵するようになりました。植物Ａと植物Ｂは果実が熟す時期が異なるので，植物Ａで育った個体と植物Ｂで育った個体が出合わなくなり，両者の間での交配が起こらなくなってしまいました！

あっ！　同じ場所にいるのに互いに交配できない，つまり２つの集団に分かれた状態になっていますね！

そのとおり！　このまま長い時間が経過すると，両者の間に生殖的隔離が成立する可能性がありますよね。

植物では，異種交雑によって雑種が生じ，雑種個体の染色体数が倍加する倍数化により短期間に種分化が起こる場合があります。コムギの種分化などがこの代表例で，$2n=14$の3種のコムギから$2n=42$のパンコムギが生じた過程で異種交雑と倍数化が起きたと考えられています。

第8章　生物の進化

分子進化の中立説！

いよいよ進化も山場です！

分子進化と中立な突然変異が関係あるんですか？

タイトルから容易に想像できますね。

中立な突然変異ということは……，
遺伝的浮動で考えるということですね。

形質の変化ではなく，DNAの塩基配列やタンパク質のアミノ酸配列といった分子レベルの変化が**分子進化**です。異なる生物どうしで同一遺伝子の塩基配列を比べると，注目している2種が分岐してからの時間に（ほぼ）比例して置換数（←異なる塩基の数）が増える，という傾向があります。この傾向は同一タンパク質のアミノ酸置換数を調べても同じ傾向になります。

左下の図は，ヒトと複数の生物が分岐した年代を示しています。また，右下の図はヒトと複数の生物とでヘモグロビンα鎖で異なるアミノ酸の割合を比べた結果です！　ほぼ比例する関係が読みとれますね！

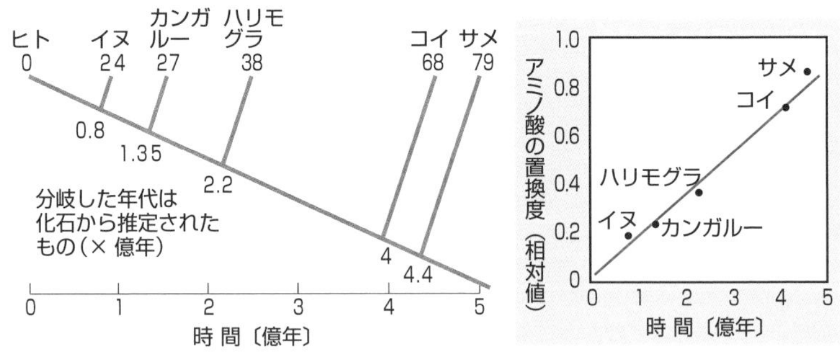

分岐後の経過時間と置換数がほぼ比例関係にあるということは，分子進化の速度がほぼ一定だからなんです。分子進化の速度は遺伝子の種類ごとにほぼ一定で，この分子進化の速度のことを**分子時計**といいます。

置換数の大小から類縁関係を推定できますし，
分子時計を使って分岐年代を推定することもできますよ。

分子進化はどのような突然変異が原因で進むと思いますか？

有利な突然変異で生じた遺伝子が，自然選択で
集団に広がったと思います。

う～ん，残念！　分子進化のほぼすべてが中立な突然変異によって進むんです。じつは，有利な突然変異っていうのは，極めてまれにしか起こらないんです。現実的に起こる突然変異は，不利なものか，または中立なものばかり。

不利な突然変異で生じた遺伝子はもちろん**淘汰**され，集団から排除されます。一方，中立な突然変異は遺伝的浮動によって集団に広がり，分子進化を進める場合がありますね。

分子進化は，中立な突然変異によって生じた遺伝子的変異が
遺伝的浮動によって集団に広がることで進むんです！

ここまでの内容が理解できていれば，分子進化の傾向も理解できます。重要な遺伝子，特に遺伝子における重要な部位における置換数を種間で比較した場合，ほかの部位に比べて少ない傾向があります。

重要な部位でも突然変異は起こりますよね？

そうです，突然変異はその部位が重要かどうかに関係なく平等に起こります。しかし，重要な部位に起こった突然変異は合成されるタンパク質の機能を低下させるような不利な突然変異になりやすいでしょ。一方，重要度の低い部位は突然変異が起きてもタンパク質の機能に影響しないことが多いんです。

つまり，突然変異が起こったとき，重要度の高い部位のほうが不利な突然変異になりやすく，この変化は集団に広がりにくいんです。結果として，重要な部位の分子進化の速度が小さくなります。

メッチャ論理的でおもしろい！　なるほど！　なるほど!!

このような分子進化の傾向を踏まえ，**木村資生**は「分子進化の主な要因は突然変異と遺伝的浮動だ！」という**中立説**を提唱したんですよ。

第８章　生物の進化

生物をどう分類するのが合理的なのか

僕の出身地，知ってます？

いや，さすがに知らないです。

僕の出身地は日本ですよ♪

日本であることはわかりますよ！　何県かとか，
何市かとかそういうことじゃないんですか!?

さまざまな生物を，共通性にもとづいてグループ分けすることを分類といいます。分類するさいのグループにはさまざまなスケールのものがあり，これを分類の階層といいます。

たとえば……，ライオン，ウニ，ミミズを分類するならば，「ライオンは**脊椎動物**！」となりますが，ライオン，ウマ，マウスを分類するならば「ライオンは脊椎動物！」では分類できません。この場合，「ライオンは**食肉目**！」などが適当な分類ですね。このように，状況に応じて適切な階層に分類する必要があります。僕が海外に行ったときは「日本出身！」でいいけれど，日本国内でしゃべるときは「長野県出身」とかが，ふさわしいですよね。

❶　分類の単位

生物を分類するうえで基本となる単位は**種**です。種は共通した特徴をもち，自然状態で交配して生殖能力を有する子孫をつくれる集団のことです。

交配でできた子が子孫を残せない場合は，
別の種ということですね。（⇒ p.8）

❷　分類の階層

よく似た種をまとめて**属**，さらによく似た属をまとめて**科**……というように，どんどん大きな上位の分類階層が出てきます。順番に，「**種→属→科→目→綱→門→界**」という階層です。ライオンで考えると，下位の階層から順に「ヒョウ属→ネコ科→食肉目→哺乳綱→脊索動物門→動物界」となります。

従来，生物の系統関係は形態や発生過程などを比較することで研究されていましたが，現在はDNAなどの比較により研究されるようになっています。

❸ 二名法

イヌは英語ではdog，フランス語ではchien……，世界共通の名前がないと，研究するうえで不便ですよね。世界共通の名前を**学名**といい，**二名法**という方法でつけられます。二名法は，属の名前の後ろに**種小名**をつけて表す方法です（下の表参照）。

和名	属名	種小名
ヒト	*Homo*	*sapiens*
ホッキョクグマ	*Ursus*	*maritimus*
ハイマツ	*Pinus*	*pumila*

種小名は種の特徴を表す語です。*sapiens* は「賢い」，*maritimus* は「海の」，*pumila* は「小さい」という意味！

❹ 生物の分類体系　―五界説と3ドメイン説―

生物を大きく分類したグループである界は**原核生物界**（**モネラ界**），**原生生物界**，**植物界**，**動物界**，**菌界**の5つとするのが一般的で，これを**五界説**といいます。これは直感的にわかりやすい分類で，原核生物，動物，植物，菌類，その他，というイメージです。

ウーズらは，rRNAの塩基配列の情報にもとづいて分子系統樹を作成すると，生物が3つのグループに分かれることを示し，それぞれを**細菌ドメイン**，**古細菌ドメイン**，**真核生物ドメイン**としました。この考え方を**3ドメイン説**といいます。

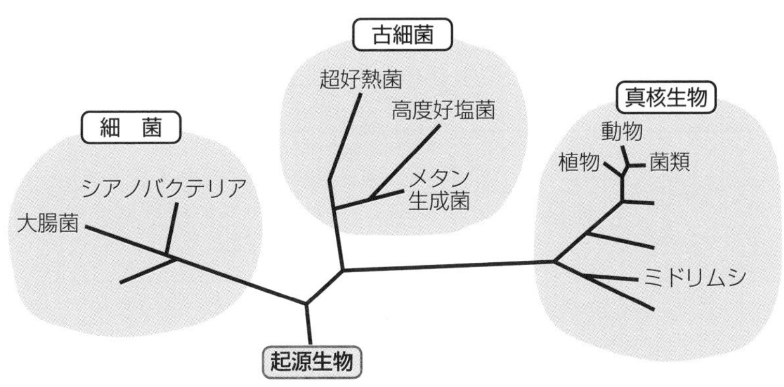

古細菌って，何が古いんですか？
ふつうの細菌より真核生物に近いのに不思議です。

古細菌は，高温の場所や酸素のない場所などの大昔の地球みたいな環境に生息しているので，何となく「古いんじゃないかな？」っていうことでついた名前なんです！

実際は古くないのに……，なんですね！

細菌ドメインは**バクテリアドメイン**ともいいます。どんな生物が含まれると思いますか？

大腸菌，乳酸菌……，肺炎双球菌などですね。

しっかり復習できていますね。窒素固定細菌（←**根粒菌**，**アゾトバクター**など），シアノバクテリア（←**イシクラゲ**など），光合成細菌（←**緑色硫黄細菌**など），化学合成細菌（←**硝酸菌**など）なども含まれますね。このように独立栄養生物もいれば，従属栄養生物もいます。また，一般に細菌は細胞壁をもちます。ただし，植物のようにセルロースでできた細胞壁ではありません。

シアノバクテリアは植物と共通のクロロフィル a をもち，酸素を発生する光合成を行います。

古細菌ドメインは**アーキアドメイン**ともいいます。古細菌は，細菌と同様に原核生物ですが，細胞膜や細胞壁の構成成分が異なったり，RNA ポリメラーゼの構造が異なったり……と，さまざまな違いがあることがわかっています。

古細菌は他の生物が生息できないような極限環境に生息していることが多く，熱水噴出孔周辺などに生息する**超好熱菌**，塩湖などに生息する**高度好塩菌**，酸素のない沼の地層などに生息する**メタン生成菌**（メタン菌）などが代表例ですね。

こんなきびしい環境に生息している古細菌のほうが，細菌よりも真核生物に近縁なんて不思議ですね。

第8章　生物の進化

さまざまな生物を分類しながら紹介！

原生生物界に属する生物には，何があるでしょう？

先生が先ほど「その他」って言ってましたから……

そう！　そのイメージで考えてみましょう !!

ミドリムシ！

ピンポーン♪

❶　原生生物界

真核生物ドメインは**ユーカリアドメイン**ともいいます。**原生生物**は，真核生物のなかで動物・植物・菌類ではないものというイメージですので，単細胞生物やからだの構造が発達していない生物のことです。原生生物には，**原生動物**，**粘菌**，**藻類**などが含まれます。

原生生物は系統的に非常に多様で，動物に近い襟鞭毛虫，植物に近い緑藻，動物とも植物ともかなり遠い褐藻，卵菌などもいます。

原生生物のなかで従属栄養の単細胞生物は原生動物といいます。**ゾウリムシ**とかです！　ゾウリムシは繊毛をもっているので，繊毛虫類というグループに属します。

粘菌は，ムラサキホコリなどの**変形菌**とキイロタマホコリカビなどの**細胞性粘菌**に分けられます。変形菌は，多数の核をもった1つの巨大な細胞である変形体という状態になり，ネバ～，ベト～と移動します！　細胞性粘菌は多くの細胞が集まった多細胞の状態でネバ～，ベト～と移動します。

移動のようすの表現は，どちらもネバ～，ベト～なんですね（笑）

次は藻類ですよ！　ワカメとかコンブとか，身近な生物も多いですね。

植物に最も近い藻類は**シャジクモ**で，植物はシャジクモのなかまから進化したと考えられています。シャジクモは，**緑藻類**と近縁と考えられており，ともにクロロフィル a と b をもちます。**アオサ**，**ボルボックス**，**クロレラ**などが代表例です。緑藻類のなかでも特にシャジクモ類が植物と近縁であることがわかっており，植物はシャジクモ類のなかまから進化したと考えられています。

右の図は真核生物全体についての分子系統樹です。これを眺めながら読み進めてください！

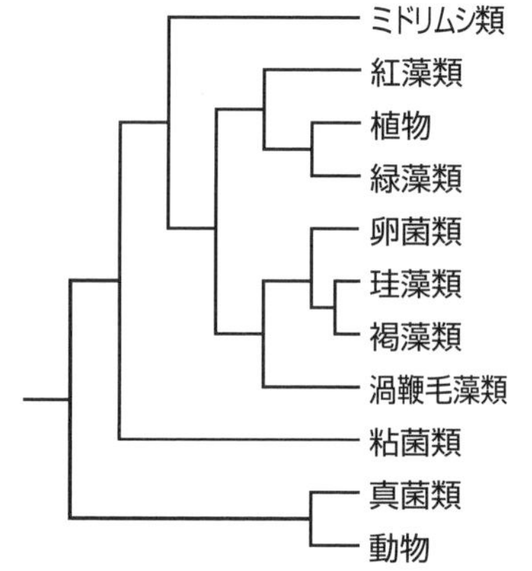

次は**紅藻類**，赤っぽい藻類ですよ！テングサなどが代表例で，クロロフィルはクロロフィル a のみをもちます。

テングサは，寒天やところてんの原料です！

そして，おなじみの**褐藻類**！　ワカメ，コンブなどが代表例で，クロロフィル a とクロロフィル c をもっています。

緑藻類，紅藻類，褐藻類のほかに単細胞の藻類も存在しています。たとえば，ハネケイソウなどの**珪藻類**とかツノモなどの**渦鞭毛藻類**です。これらはクロロフィル a とクロロフィル c をもちます。

あっ，わが家のバスマットは珪藻土です！
珪藻類と関係あるんですか？

そうそう！　珪藻土は珪藻の殻の化石からできているんですよ！

❷ 菌界

さて，次は菌類！　カビとかキノコのイメージで，体外の栄養分を分解・吸収する従属栄養生物です。

菌類には**酵母**のように単細胞生物もいますが，多くは多細胞生物です。遊走子という，べん毛で泳ぐ胞子をつくる**ツボカビ類**，子のう胞子という胞子をつくる**子のう菌類**，担子胞子という胞子をつくる**担子菌類**があります。

子のう菌類の代表例はアオカビ，アカパンカビなどです。担子菌類の代表例はシイタケ，シメジなどです。

「生物学おもしろいなぁ♪」って興味はもてましたか？

はい，興味をもったらドンドン読めますね！　知識が増えるのがメッチャ楽しいです。

動物は，細胞壁をもたず，外界から有機物を食物として取り込んで体内で消化する従属栄養の多細胞生物です。まず，動物は大きく3グループに分けられます！　胚葉の区別がない**無胚葉動物**，外胚葉と内胚葉のみをもつ**二胚葉動物**，外胚葉・内胚葉・中胚葉をもつ**三胚葉動物**です。

いきなりですが，動物の系統樹をどうぞ！

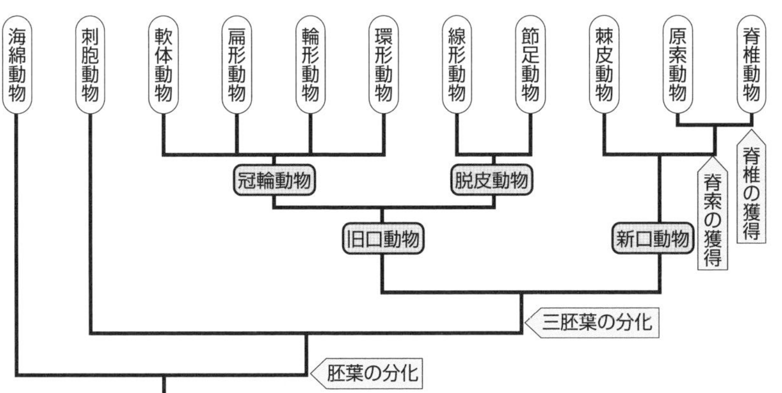

❸　無胚葉動物

無胚葉動物は，**海綿動物**です。イソカイメンなどが代表例です。**えり細胞**という細胞がもつべん毛で水流を起こし，プランクトンを取り込みます。えり細胞は襟鞭毛虫という原生動物と非常によく似ており，動物の祖先は襟鞭毛虫のなかまと考えられています。

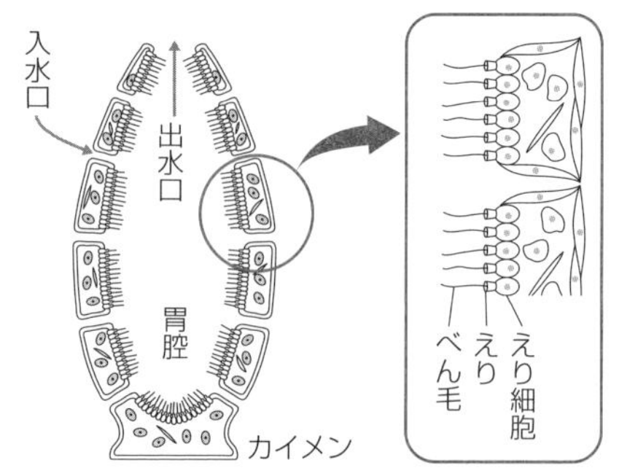

❹ 二胚葉動物

二胚葉動物は，**刺胞動物**などです。**ヒドラ**，**クラゲ**，**サンゴ**などが代表例です。消化管はありますが，肛門がなく……，口から食べて，口から排泄するというスタイル（？）です。

❺ 旧口動物

海綿動物と刺胞動物以外の多くの動物が三胚葉動物です。三胚葉動物は，原口がそのまま口になる**旧口動物**と，原口またはその付近に肛門ができ，反対側に口ができる**新口動物**に分けられます。

旧口動物は脱皮動物と冠輪動物に分かれるんですね……，脱皮動物は脱皮するんですか？

そのとおり。旧口動物は脱皮によって成長する**脱皮動物**と，脱皮をしない**冠輪動物**に分けられます。

❶ 脱皮動物

脱皮動物には**節足動物**，**線形動物**が含まれます。

節足動物にはエビやカニなどの**甲殻類**，クモやダニなどの**クモ類**，バッタやハエなどの**昆虫類**，ムカデ類などがあります。昆虫類に含まれる生物種数が非常に多く，「地球上で節足動物が最も繁栄している！」なんていう人もいます。

線形動物の代表例は，**センチュウ**やカイチュウなどです。水中や土壌中に生息するものもありますし，ほかの生物に寄生するものもあります。

センチュウの一種が原因となる病気を治療できる抗生物質を発見したことで，大村智さんが2015年にノーベル生理学・医学賞を受賞しました！　この発見をきっかけにつくられた薬が，アフリカや中南米の熱帯病の特効薬になったのです！

❷ 冠輪動物

冠輪動物には，**扁形動物**，**輪形動物**，**環形動物**，**軟体動物**などが含まれます。

軟体動物はタコとかイカとかですよね？
ほかは……，知らないです。

まぁ，ふつうはそんなもんですよ（笑）順番に見ていきましょう。

扁形動物は，扁平なからだなのでこんな名前なんですよ！　代表例は何といってもプラナリアです！　刺胞動物と同じく，消化管はありますが肛門がないスタイルです。そして，なんと……脳があります！

ほかの動物もどんどん紹介していきますよ。

輪形動物は，繊毛がからだのまわりに環状に並んでいることからこんな名前です！　代表例は**ワムシ**です。輪形動物は消化管がチャンと貫通しており肛門があります。

取り込む場所と排泄する場所が異なるスタイルなんですね。

環形動物は有名な動物が多いんですよ！　代表例は**ミミズ**や**ゴカイ**などです。僕たちと同じ**閉鎖血管系**（⇒p.112）をもつんですよね！

知っておくべき冠輪動物の最後のグループは軟体動物！　**タコ**や**イカ**などの頭足類のほかに，**サザエ**や**ハマグリ**のような貝のなかまが含まれます。からだは外套膜に包まれており，外套膜からの分泌物により硬い殻をもつものが多くいます。

イカやタコをイメージしてね。頭から足がはえているでしょ？
だから，イカやタコは頭足類っていわれるんですよ！

❻ 新口動物

さぁ，新口動物です！ **棘皮動物**，**原索動物**，**脊椎動物**の3つのグループを確認しましょう！

原索動物と脊椎動物を合わせると，**脊索動物門**というグループになります。

棘皮動物は新口動物のなかで，脊索が生じないグループです。代表例は**ウニ**や**ヒトデ**です。棘皮動物は体内に水管という海水が通る管をもっており，水管は呼吸や循環，さらには運動などに関与しています。

「エビよりもウニのほうが私に近縁なのかぁ〜！」って思いながら，お寿司を食べることになりますね。

原索動物は脊索が生じますが，脊椎ができません。代表例は**ホヤ**，**ナメクジウオ**です。脊椎動物と同じく管状の神経系をもちますが，脳と脊髄の分化はありません。

脊椎動物は脊索を生じますが最終的に脊索は退化します。そして，脊椎ができ，脳と脊髄が分化しますね。現生の脊椎動物は**無顎類**・**軟骨魚類**・**硬骨魚類**・**両生類**・**は虫類**・**鳥類**・**哺乳類**の7グループに分けるのが一般的です。

無顎類は，顎や胸びれなどをもたない原始的な脊椎動物で，**ヤツメウナギ**などが代表例です。軟骨魚類は**サメ**や**エイ**のなかまで，骨格が弾力のある軟骨でできています。硬骨魚類は一般的な魚類で，骨格の大部分が硬骨でできています。軟骨魚類には存在しない**うきぶくろ**をもっています。

両生類といえば……カエル以外で何を知っていますか？

イモリ，サンショウウオなどですね。
先生，オオサンショウウオのペンケースもってましたよね？

そうそう，京都に住んでいる人間としてオオサンショウウオの可愛さを世に広めようとね！ 両生類は水中に産卵し，幼生までの期間を水中で，えらで呼吸をして過ごします。

は虫類は，ヘビ，ワニ，カメなどですね。は虫類・鳥類・哺乳類は**羊膜類**でしたね。羊膜は，胚を包みこれを保護しています。また，は虫類は魚類や両生類と同様に**変温動物**です！ 続いて，鳥類！ 鳥類は前肢が翼になり，からだが羽毛で覆われた恒温動物です。近年，は虫類とかなり近縁であることがわかってきています。

そして，哺乳類です。体毛をもつ恒温動物で，乳で子育てをします。哺乳類は**単孔類**，**有袋類**，**真獣類**（有胎盤類）に分けられます。単孔類には**カモノハシ**などが属し，卵生（←産卵する）です。

カモノハシはオーストラリアの東部に生息していて，
見た目は可愛いけど，雄は毒をもっていて危ないんだよ！

有袋類は**カンガルー**，**コアラ**などだね。胎生（←出産する）なんだけれど，胎盤が未発達で，未発達な子を出産し，雌親の腹部にある袋のなかで育てます。

そして，発達した胎盤を通して母体から胎児に栄養分が送られ，母体内で子育てをしてから出産するグループが真獣類です。ウマ，ネズミ，ウサギ，ネコ，ゾウ，ウシ，クジラ，サル……，そして僕たちヒトが含まれます。

❼ ウイルスの分類

ウイルスについても簡単に分類しておきたいと思います。ウイルスは遺伝子としてもつ核酸によって分類することが一般的になっていますので，それに従って簡単にまとめてみます。

ウイルスは遺伝子としてDNAをもつDNAウイルス，RNAをもつRNAウイルスに分けられます。DNAウイルスには，**2本鎖DNAウイルス**，**1本鎖DNAウイルス**があります。RNAウイルスには，**2本鎖RNAウイルス**，**1本鎖RNAウイルス**がありますが，1本鎖RNAウイルスにはウイルスRNAをそのまま翻訳できる**1本鎖＋鎖RNAウイルス**と，ウイルスRNAに相補的なRNAを翻訳する**1本鎖－鎖RNAウイルス**がいます。ややこしいのですが，2本鎖DNAウイルス，1本鎖RNAウイルスのなかで**逆転写酵素**（⇒ p.80）をもつウイルスはそれぞれ別グループに分類されることが一般的です。メジャーでないウイルスもありますが，代表的なウイルスを下表にまとめました！

グループ	例
2本鎖DNAウイルス	T_2ファージ，天然痘ウイルス ヒトパピローマウイルス（HPV）
1本鎖DNAウイルス	パルボウイルス，デンソウイルス
2本鎖RNAウイルス	ロタウイルス，ウマ脳症ウイルス
1本鎖＋鎖RNAウイルス	コロナウイルス，日本脳炎ウイルス， C型肝炎ウイルス（HCV），風疹ウイルス
1本鎖－鎖RNAウイルス	インフルエンザウイルス， エボラウイルス

HPVは子宮頸（しきゅうけい）がんの原因となるウイルスです。HPVによる子宮頸がんの発症率はワクチンにより大幅に下げられることが知られており，ワクチンの安全性も科学的に確認されていますね。

また，HIV（ヒト免疫不全ウイルス）のように逆転写酵素をもつウイルスはこれらとは別のグループに分類されます。

第9章

生態と環境

～SDGsでも環境保全は重要視されています！～

何をするにもSDGs（Sustainable Development Goals：持続可能な開発目標）を意識することが求められる時代になりましたね。SDGsの17の目標のなかには『エネルギーを皆に，そしてクリーンに』，『気候変動に具体的な対策を』，『海の豊かさを守ろう』，『陸の豊かさを守ろう』など，環境問題に関連するものが多く含まれています。環境問題に対して，自分の生活や仕事がどのように関連していて，影響を与えるのか。これについては，一定レベル以上の環境に関する理解が不可欠だと思います。

「外来生物は何が問題なのか？」，「赤潮が発生する原因は何で，赤潮の何がマズいのか？」などを知らないと，議論できないのではないでしょうか。

第9章では，環境問題についての理解を1つのゴールとし，そのための教養を気楽に学んでいただこうと思っています。これまで『木（＝樹木)』としてしか見ていなかった樹木が**「これは広葉樹！」，「これは葉がテカテカしている照葉樹！」，「これは暗い森のなかに生育しているし，陰樹だな！」**と区別できればとてもカッコいいと思います。第9章で扱っている内容は，意外と大人にとっても重要な，知っておいて損はない教養ですよ。

第9章　生態と環境

個体群を考える

ここでは，キャベツ畑のキャベツだけに，注目しましょう。

ミミズとかモグラのことは，いったん無視ですね！

キャベツのみで構成される集団内に，
「食う - 食われる」みたいな関係ってないでしょ……？

キャベツがキャベツを食べたら……，ホラー映画ですよ。

❶　個体群と生態系

ある地域で生活する同種個体の集まりを**個体群**(こたいぐん)といいます。実際には，複数種の生物が生活していますね。そこで，ある地域の複数の個体群をひとまとめにして**生物群集**(せいぶつぐんしゅう)，さらに**非生物的環境**(ひせいぶつてきかんきょう)も合わせたものを**生態系**(せいたいけい)といいます。

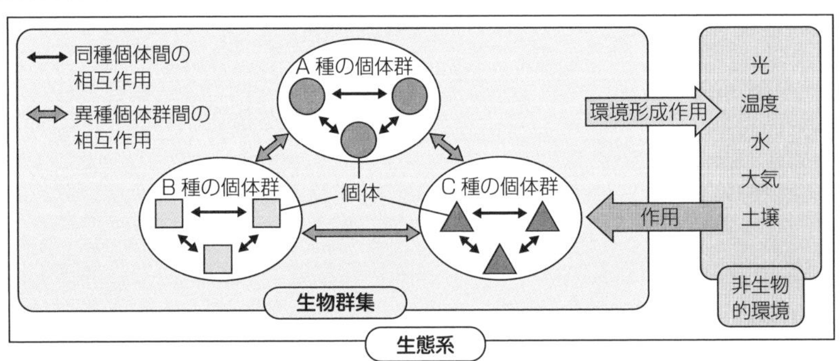

❷　個体群内の個体の分布

個体群内での個体の分布様式として，次のページの3種類が代表的です。

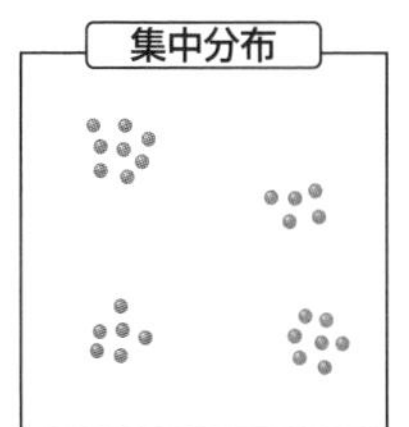

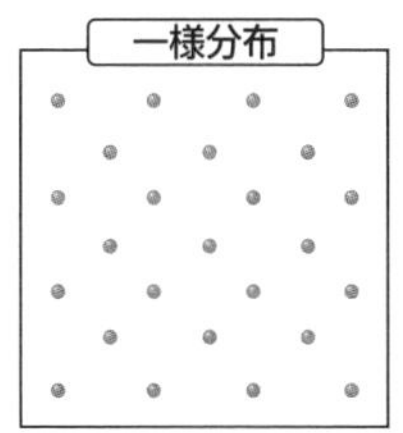

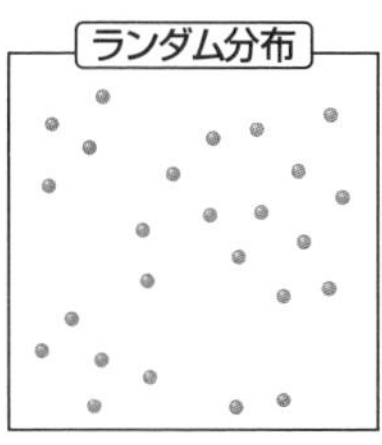

集中分布をとるのは，どんな個体群ですか？

えぇ〜っと……，砂漠のオアシスに植物が集中して生えているイメージとか，どうでしょう？

とてもよいイメージです。資源が集中している場合，そこに個体が集中しますよね。また，資源を巡る競争の結果として他個体を避けて縄張りをつくる生物では，個体が一定の距離を保つ一様分布のようになることがあります。

❸ 個体群密度

個体群を考えるさいには，生活空間あたりの個体数である**個体群密度**が重要になります。個体群密度は次の式で表されます！

$$個体群密度 = \frac{個体数}{生活空間の面積または体積}$$

対象となる生物によって，適した個体数の調査法は異なります。移動力の小さい動物や植物に対しては**区画法**が用いられます。区画法では，調査する地域に一定サイズの区画をつくり，そのなかの個体数を調べます。そして，その結果から地域全体の個体数を推定します。区画法は下の図のイメージですよ！

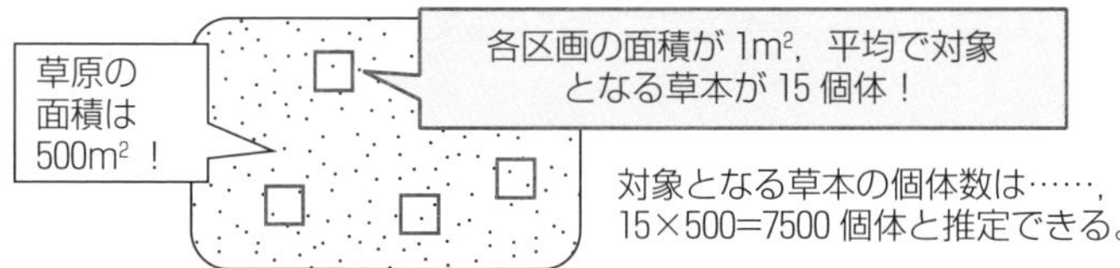

理屈は簡単でしょ？

❹ 標識再捕法

よく動く動物に対しては**標識再捕法**を用います。まず，標識再捕法のイメージを次の例題でつかみましょう！

例題

箱のなかにボールが（全部数えるのがイヤになるほど）いっぱい入っています！　とりあえず，50個を取り出して目印をつけ，箱に戻しました。よ〜くかき混ぜて，適当に60個取り出したところ……，そのなかに12個，目印のついたボールがありました。箱のなかのボールは全部で何個と推定できるでしょう？

箱のなかのボールの数をN（個）とすると，目印のついたボールの割合は$\frac{50}{N}$となります。そして，2回目に取り出した60個のボールのなかでの目印のついたボールの割合は$\frac{12}{60}$でした。

よくかき混ぜて，適当に取り出しているので，両方の割合は等しいとみなすんですね。

そのとおり！　$\frac{50}{N}=\frac{12}{60}$ですから，$N=250$と求められます。箱のなかにはもともと推定250個のボールが入っていた，ということですね。この発想を移動能力をもつ実際の動物に応用するんです！

❺ 個体群の成長

個体群を構成する個体数が増加することを**個体群の成長**といいます。このようすをグラフにしたものが**成長曲線**です。個体群密度が低いうちは指数関数的にドンドン増殖しますが，個体群密度が高くなると餌の不足，生活空間の不足，環境の汚染などにより増殖が鈍っていきます。資源は有限ですから，ある環境における個体数には上限値があり，この上限値を**環境収容力**といいます。

右の図はショウジョウバエの個体群の成長曲線ですよ！　実際の成長曲線はこのようなS字状のグラフになるんです。

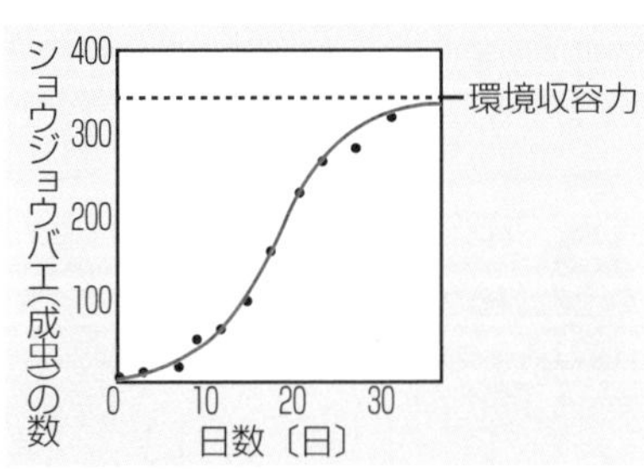

❻ 年齢ピラミッド

個体群には「赤ちゃん」から「大人」までさまざまな年齢の個体が含まれますよね。個体群を構成する個体について，年齢ごとに積み上げて図示したものを**年齢ピラミッド**といいます。年齢ピラミッドを見れば，個体群がこれから成長するか衰退するかなどを推測することができるんです！

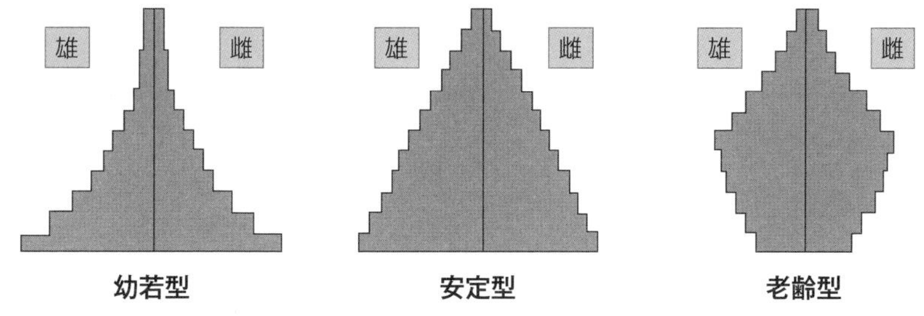

日本の年齢ピラミッドって見たことありますか？

少子化問題のニュースでよく見かけますね！

日本の年齢ピラミッドは典型的な老齢型です。今後，人口が減少していくことが予想できますよね。

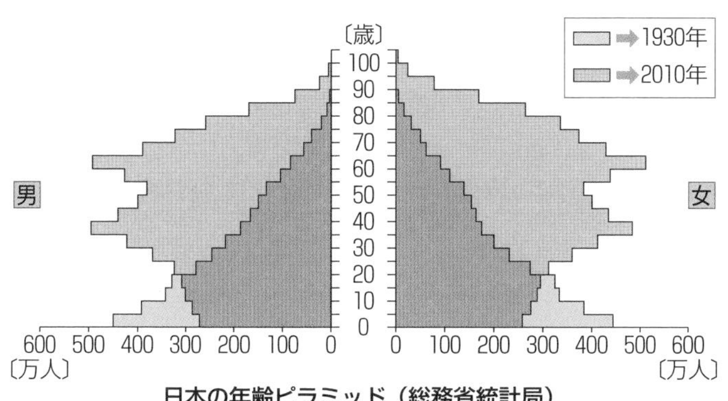

日本の年齢ピラミッド（総務省統計局）

電車の長椅子タイプの座席には，両端に座る人が多いですよね。

まさに，一様分布ですね（笑）

そうですね！　いきなり知らない人の横にピタッとくっついて座らないですよね。

友人とは集中分布ですよ，もちろん！

❼　資源と競争

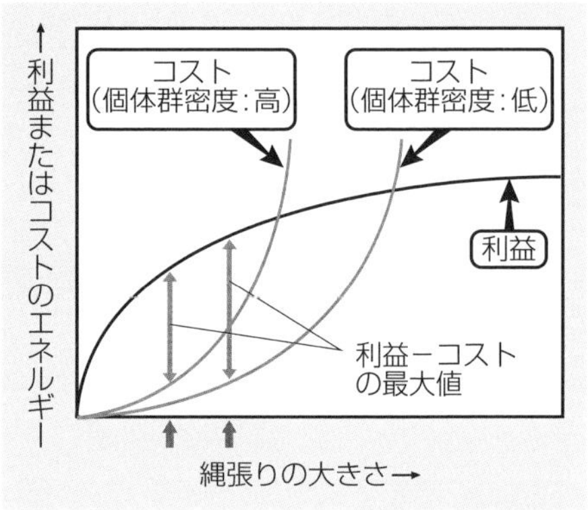

個体群における個体間の関係について考えましょう。餌，生活場所，配偶相手などの**資源**は有限ですので，これを巡って**種内競争**が起こりますよね？

動物では，**縄張り**をつくって資源を確保しようとする場合が多くあります。縄張りに同種の他個体が侵入してくると追い払って縄張りを防衛します。たとえば，縄張り内の餌を独占する場合，むやみに大きな縄張りをつくっても食べられる餌の量には限界がありますので，利益は頭打ちになります。一方，縄張りが大きいほど防衛にコストがかかります。そこで，動物は自然と「利益とコスト」の差が最大になるような最適なサイズの縄張りをつくるんですよ，すごいですよね～？

上の図中の↕が最適な縄張りのサイズを示しています。

❽　群れ

個体群密度が高い場合には，縄張りの防衛コストが高すぎて縄張りを維持しにくくなります。すると，縄張りを放棄して**群れ**をつくる場合があります。また，もともと縄張りをつくらずに群れて生活する動物もいますね。

ところで，群れをつくる場合，どれぐらいの個体の群れをつくると効率がよいのでしょうか？　多ければ多いほどよい……，なんてことはないですよね。

右の図は，群れの大きさ（＝群れを構成する個体数）によって，「警戒」，「種内競争」，「採食」3種類の時間配分がどう変化するかを示しています。

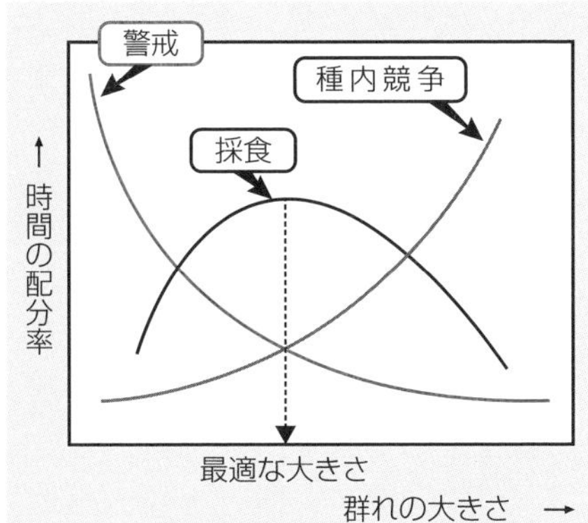

群れが大きくなるほど，各個体が警戒のためにつかう時間は少なくてすみます。しかし，食物などの資源を巡る種内競争時間が増えてしまいます。結局，1日の活動時間のうちで**警戒時間**と**種内競争時間**を除いた時間が**採食時間**となり，採食時間が最大となるような群れの大きさが，最適な大きさとなります。

個体群内に秩序(←ルール)があれば種内競争を緩和できます！
そもそも喧嘩にならないようなしくみをつくるんです！

たとえば，群れのなかに優位と劣位の順位がある場合を**順位制**といいます。順位が決定していると，順位に従って行動するようになるので争いが減少します。また，ミツバチやシロアリなどの昆虫では，群れのなかに明確な分業が見られます。このような昆虫を**社会性昆虫**といいます。

女王バチとか働きバチとかですね !?

❾ 社会性昆虫の血縁度と包括適応度

ミツバチの働きバチは生殖能力をもたない雌で，**ワーカー**ともいわれます。ワーカーは女王バチの利益のために行動しますね。このような他個体の利益のための行動は**利他行動**といいます。

利他行動が存在するのは，なぜでしょうか？
自分の利益にならない行動が進化するって不思議！

生物の進化を考えるさい，ついつい「自分がどれだけ子孫を残せるか」に注目しちゃいますよね？　でも，現実には「自分と同じ遺伝子が子孫にどれだけ広まるか」が大事なんですよ。だから，自身が子孫を残せなくても姉妹関係にある女王バチがものすごくイッパイ子孫を残してくれれば進化的にはOKなんです！

ワーカーについてもう少しシッカリと説明します。ここで大事になるのが**血縁度**(けつえんど)です。血縁度は，注目する2個体が遺伝的にどれくらい近縁かを示す指標となります。

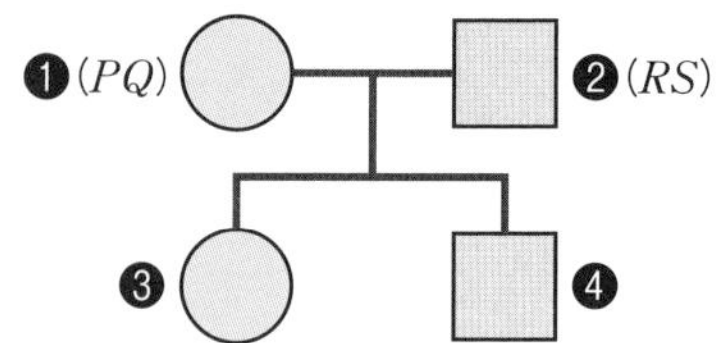

まずは，通常の$2n$の生物で考えましょう！　右の家系図で○が雌，□が雄，雌親（母）の遺伝子型がPQ，雄親（父）の遺伝子型がRSです。

まず，❶と❸……つまり，親子の血縁度を求めましょう。❶の母が❸の娘に「遺伝子Pもっている？」と聞いたとしましょう。

❸が遺伝子Pをもっている確率は，$\frac{1}{2}$ですね！

正解です！　遺伝子Pをもつ確率は$\frac{1}{2}$ですね。「遺伝子Pを$\frac{1}{2}$個もつと期待される」という解釈でもOKですよ。遺伝子Qについても同様に$\frac{1}{2}$ですので，両者の血縁度は$\frac{1}{2}$です。

もし，2つの対立遺伝子でこの確率が異なる場合には，平均をとったものが血縁度となります。

では，❸と❹のような兄弟・姉妹間の血縁度はどうでしょう！　話をスッキリさせるために❸の遺伝子型をPRとしましょう（注：ほかの遺伝子型と仮定しても結果は同じになります！）。先ほどと同様に，❸が❹に「ねぇねぇ，遺伝子Pをもっている？」と聞きますね。

❶から受け継いでいるか，いないか……，なので，$\frac{1}{2}$ですね！

その調子です。遺伝子Rについても同様ですから，兄弟・姉妹間での血縁度も$\frac{1}{2}$となります。

この血縁度が，ミツバチの利他行動の解説……？

では，リクエストにお応えして次のページでいよいよミツバチを扱います！

ミツバチの核相は雌が$2n$で雄がnなんです！　基本的に女王（$2n$）のみが減数分裂をして卵（n）をつくり，これが受精すると雌（$2n$）が発生し，受精しないと雄（n）が発生します。

予想外の性決定のしくみで，ちょっとビックリ!!

生じた受精卵（$2n$）から生じる雌の中から選ばれし個体が女王バチに，ほかの個体が働きバチになるので，ある世代の女王バチと働きバチは姉妹ということになります。

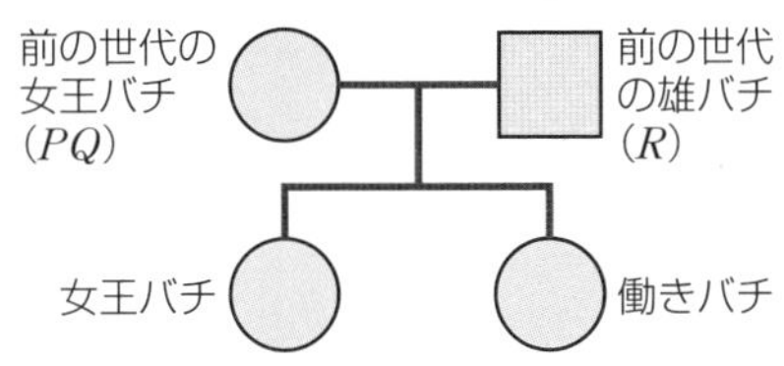

上の図を用いて，同世代の女王バチ（姉）と働きバチ（妹）の血縁度を求めてみましょう。同世代の女王バチの遺伝子型を（PR）とします。

働きバチも絶対に遺伝子Rをもっていることに注意しましょうね！

「妹よ，遺伝子Pをもっているか？」という姉（女王バチ）の質問については，妹がもっている確率は$\frac{1}{2}$です。一方，「妹よ，遺伝子Rをもっているか？」については，絶対にもっているので確率は1です。平均すると，血縁度は……$\frac{3}{4}$ですね！

ミツバチの姉妹間の血縁度が，一般的な$2n$の動物の兄弟・姉妹間の血縁度よりも大きいことがポイントなのかしら？

そのとおり！　ある個体がどれくらい自分の子を残せるかを**適応度**（てきおうど）といいます。そして，自分の子以外であっても自分と同じ遺伝子をもつ子をどのくらい残せるかを**包括適応度**（ほうかつてきおうど）といいます。包括適応度が大きくなるような遺伝子は子孫に伝わって広まりやすいため，進化において有利となるのです。

働きバチは一生懸命に女王バチの世話をして，女王バチが多くの子孫を残せるようにしています。そうすることで，自身が子を残せなくても，包括適応度を大きくすることができますからね。

第９章　生態と環境

異種間の関係を考える

異種間での競争が生じた場合，
競争に勝った側はどんな気持ちでしょう？

「よっしゃー，ガハハ！」みたいなうれしい気持ちですか？

それが，少し違うんです。「あぁ，競争しんどかった～（涙）
まぁ負けるよりマシか……」というイメージなの！

勝った側なのに，なんか意外です！

❶　生態的地位と共存

生物群集において，ある生物が必要とする食物や生活空間，時間といった資源の種類や資源の利用のしかたをまとめて**生態的地位**（**ニッチ**）といいます。難しい用語ですので，少しずつイメージをつかんでいきましょう。

種Ａと種Ｂの生態的地位が極めて似ている場合，どうなるでしょう？　同じ場所で，同じ時間に同じような食物を食べて……

「邪魔だよ～！　その餌をよこせよ!!」って
争いになりそうですね。

そうそう！　生態的地位が非常に近い種が同じ場所にいると**種間競争**（しゅかんきょうそう）が起こってしまう可能性が高いんです！　強烈な種間競争が起こると，一方の種がその空間から排除されてしまう場合があります。これを**競争的排除**（きょうそうてきはいじょ）といいます。

冒頭の会話にもあるとおり，種間競争に勝ったとしても，競争にエネルギーや時間を費やしていますから，種にとっては損失になってしまうんですよ。だったら，種間競争をなるべく緩和して……，できれば回避したいと思いませんか？

そこで，生態的地位を本来のものからズラすことで種間競争を緩和する場合が多くあります。たとえば，食べる餌を変えてみたり，生活空間をちょっと変えてみたりするんです。

食べ物を変えたり，引っ越したり。
なんだか人間みたいですね……！

さらに生態的地位の近い種と共存する場合に，単に生活空間などを変えたりするだけでなく，形質の変化をともなう場合があります。この現象を**形質置換**といいます。

僕は，本当はもっとくちばしが長いはずなんだけれど……，種間競争を避けるために，形質置換してくちばしが短くなったんだよ！

❷ 被食者 - 捕食者相互関係

次は，**被食者 - 捕食者相互関係**，いわゆる「食う - 食われる」の関係について。もちろん，食われる側が**被食者**で，食う側が**捕食者**ね。被食者と捕食者の個体数の変動のようすを示した下のグラフを見てみましょう！　何か気づくことはないですか？

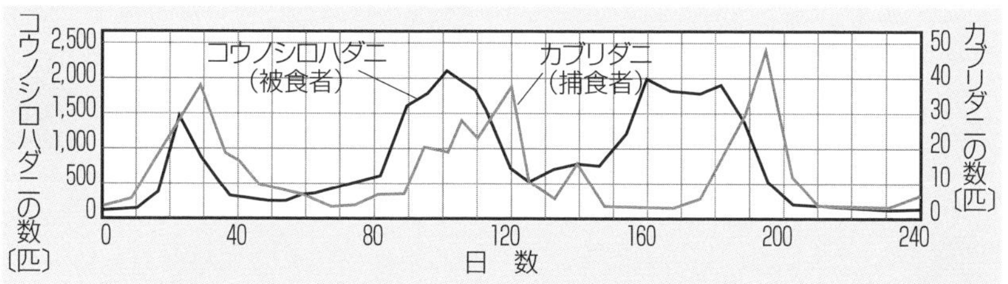

両者の増減のタイミングが，ちょっとずれていますね！

そのとおり！　もうちょっと正確にいうと，捕食者の個体数変動のほうが少し遅れているよね。被食者が増えると「餌が増えてうれしい！」と捕食者が増える。被食者が減ると「餌不足だ……」と捕食者が減る，という流れです。

❸ 共生と寄生

自然界には種間関係において双方に利益がある場合もあるんです。この関係を**相利共生**といいます。

わかりやすい例を挙げると……，虫媒花をつける被子植物と花粉を運ぶ昆虫の関係なんかも相利共生です！

被子植物は花粉を運んでもらえてうれしい！
昆虫は蜜をもらえるからうれしい!!　Win-Win ですね。

ほかに知っておきたい例としては……，アリとアブラムシ！　アブラムシの天敵はテントウムシなんです。アリはテントウムシからアブラムシを守ってくれるんですよ。そのかわりにアブラムシはアリに対して栄養分を含む分泌物を与えます。

アブラムシ君，食物をくれてありがとう♥
お礼にテントウムシから守ってあげるね♪

アブラムシが食べたいんだけど……，
アリがいるから近よれないなぁ（涙）

一方のみが利益を受けて，他方は実質的な利益も不利益も受けない関係を**片利共生**といいます。カクレウオとナマコの関係が有名ですね。カクレウオはナマコの体内に身を隠すんです。ナマコには……，特に利益も不利益もありません。

ほかにも，一方の種が他方の種から栄養分などを一方的に奪って不利益を与えるような関係である**寄生**などもあります。利益を得る側が**寄生者**，不利益を被る側が**宿主**です。宿主の体表に寄生するダニや，体内に寄生するカイチュウ，宿主に卵を産みつける寄生バチなどが代表的です。虫が苦手な方にはレベルが高い見た目ですので……，自己責任で，インターネットで画像検索してみるとよいでしょう！

ウヒャー，私は……画像はパスでお願いします……（笑）

❹ 間接効果

種間関係は直接的なものばかりではなく，ほかの種を介して影響を及ぼす場合があり，この影響を**間接効果**といいます。1つ例を見てみましょう。

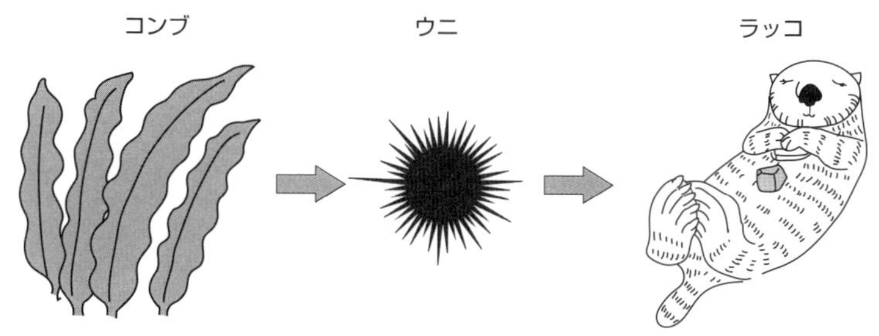

ウニがコンブを食べて，ラッコがウニを食べるんです。ラッコとコンブは直接的な関係はありませんね。しかし，ラッコが増えたとすると……，ウニが減少し，ウニによるコンブの摂食が減るので，コンブは増えます！　ラッコは間接的にコンブの食害を減少させるような作用を及ぼしていることになります。

この海域にシャチの大群がきて，ラッコを次々に食べてしまったとすると，コンブはどうなる？

え～っと，ラッコが減るので，ウニが増えて，コンブは減りますね。

大正解 !!

第9章 生態と環境

コンブをウニが食べ，ウニをラッコが食べる!!
ある年，ラッコの数が減少した結果……

ウニが増えるので，増えたウニに食べられてコンブは減りますね。

そうですね。

❺ 食物連鎖

生物群集とは何かについては196ページで解説ずみですね。生物どうしの被食者 - 捕食者相互関係による繋がりを**食物連鎖**といいます。実際には，生物群集を構成する生物は複数種の生物を食べるし，複数種の生物に食べられるし……と，食う - 食われるの関係は直線的ではなく，下の図のように網目状になっているんです。これを**食物網**といいます。

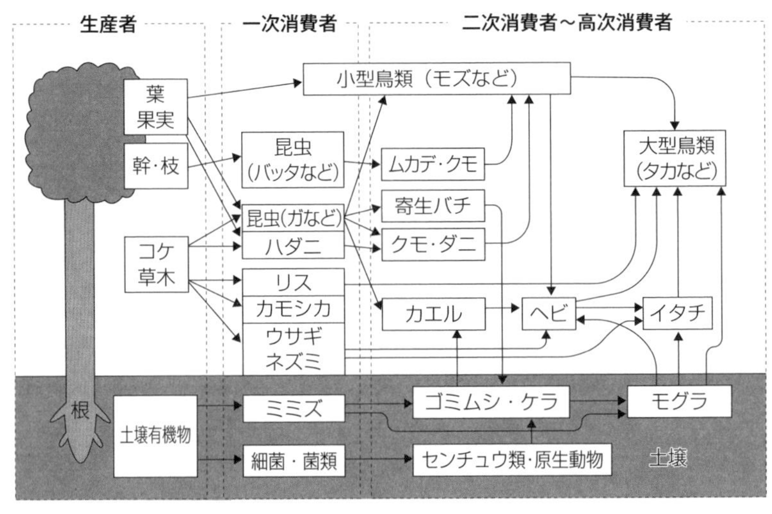

生物の遺骸や落葉・落枝から始まる食物連鎖は**腐食連鎖**といいます。

生物群集において，共通の資源を利用する複数の生物種が競争的排除を起こさずに共存している場合があります。

生態的地位を変えて共存するパターンとは違うしくみなんですか？

そうなんです！　他種が共存するしくみとして「捕食者の存在」や「かく乱」などがあります。この2つについて説明していきますよ。

❻ 捕食者の存在

海岸の岩場にすむイガイとフジツボはどちらも生態的地位が近く，捕食者がいない場合は，競争によりフジツボが排除されます。

しかし，捕食者のヒトデがいると，イガイの個体群密度が高まらないので，フジツボが排除されず，なんと両者が共存できるのです！

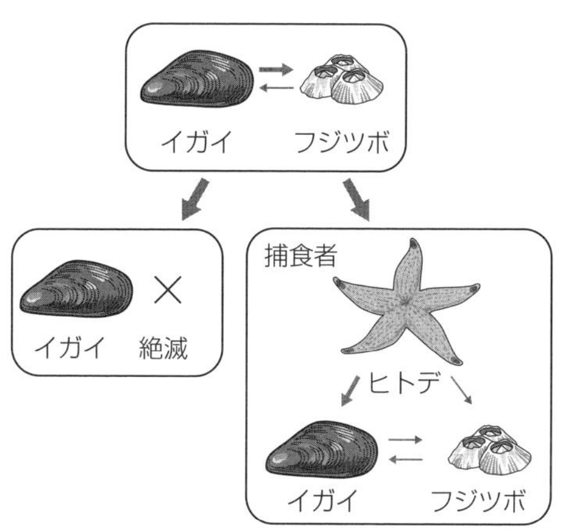

このように，上位捕食者の存在によって，**種多様性**を大きく保たれることがあるんですよ。そして，岩場の食物網におけるヒトデのように，生物群集の種多様性を保ち，生態系のバランスを保つのに重要な役割を果たす上位捕食者を**キーストーン種**といいます。

キーストーン種を人為的に取り除くと，生態系のバランスが崩れてしまい，種多様性が小さくなってしまうんですよ。

第9章 生態と環境

❼ かく乱

台風，河川の氾濫のように生物群集の状態を乱す現象を**かく乱**といいます。大きなかく乱が頻繁に起こる場合，かく乱に強い一部の種しか生存できず，種多様性が小さくなってしまいます。一方，かく乱が非常に少ない場合には，種間競争が激化して競争的排除が起こるので，種間競争に強い種ばかりになり，種多様性が小さくなってしまうのです。

中規模のかく乱が一定頻度で起こると，かく乱に強い種も種間競争に強い種も含めて，多くの種が共存できるようになるんですよ。

中規模のかく乱が生物群集の種多様性を大きくするという考えを，**中規模かく乱説**といいます。

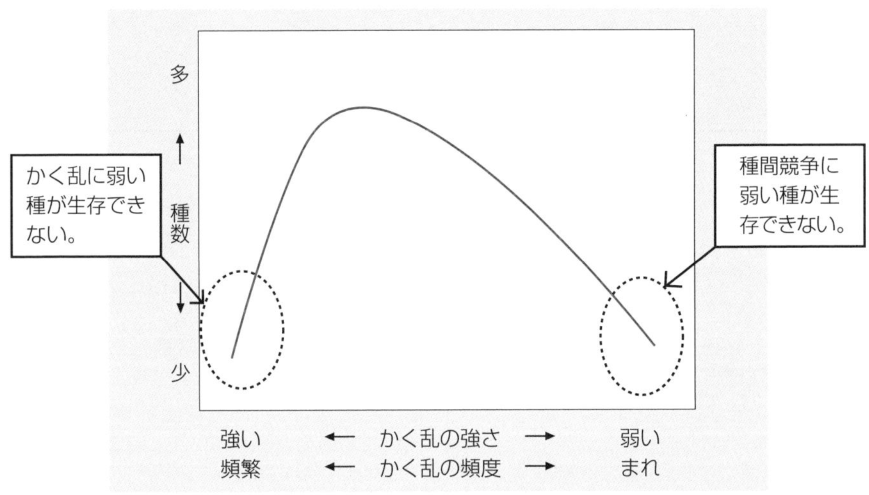

第9章　生態と環境

植生を考える

植生の説明から始めましょう!!

❶ 植生

ある場所に生育する植物の集まりのことを**植生**といいます。どのような植生が成立するかは，気温や降水量といった環境要因に強く影響されます。植生は，植生を外から見た外観である**相観**によって分類します。このとき，最も目立つ代表的な植物種を**優占種**といい，相観は優占種によって決定づけられます。

植生には，どんなものがあるんですか？

植生は，**荒原**・**草原**・**森林**の３つに分けられます。草原や森林は何となくイメージできるでしょ？　荒原とは砂漠やツンドラのような植生のことで，植物の生育にとって非常にきびしい環境で成立します。そのため，荒原ではこのきびしい環境に耐えられる植物しか生育できません。

草原は**草本植物**(←「草」のこと)を中心とする植生で，熱帯や亜熱帯では年間降水量が約1000mm を下回ると森林が成立できなくなり，草原になります。森林については❷で扱いますね！

植物は生育している環境に適した形態をしていて，この形態を**生活形**といいます。よって，似た環境では，生育している植物の生活形が似ています。アメリカの砂漠とアフリカの砂漠は環境が似ているので，同じような多肉植物が生育しているんですよ。

❷ 森林

森林では，大きな樹木が生育していますよね。

まぁ，そうですね。ひとまず，次の森林の図(日本の照葉樹林の模式図)を見てみましょう！

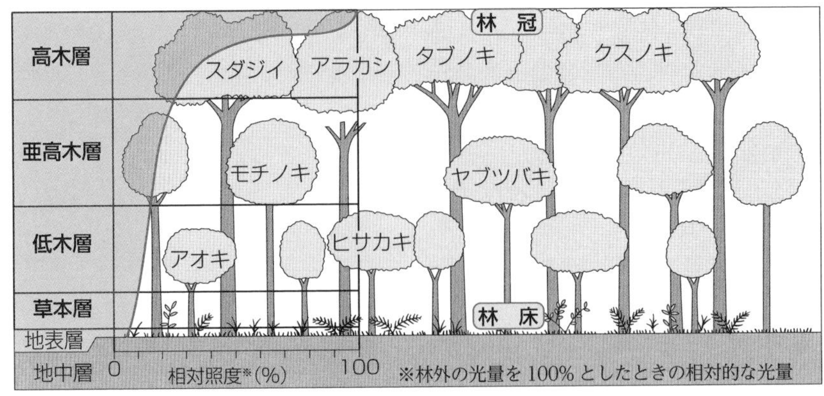

森林の最上部を**林冠**，地表付近を**林床**といいます。20m を超えるような高さに葉をつける**高木層**，そこから順に**亜高木層**，**低木層**，**草本層**といった垂直方向の層状の構造が見られ，これらを**階層構造**といいます。コケ植物などからなる**地表層**が発達することもあります。

上の図中の左側に赤い線で示した相対照度のグラフからわかるように，森林内には光があまり届きません。よって，低木層や草本層には弱光条件でも成長できる**陰生植物**が生育しています。

弱光条件では生育できないけれど，強光条件では陰生植物よりも成長速度が大きくなる植物を**陽生植物**といいます。

植物は**土壌**に根を張ります。土壌は層状になっていて，表面は落葉や落枝の層，その下は落葉などの分解が進んだ腐植層，さらにその下は腐植が少ない無機物のたまる層，そして岩石の層，という構造になっています（右の図）。

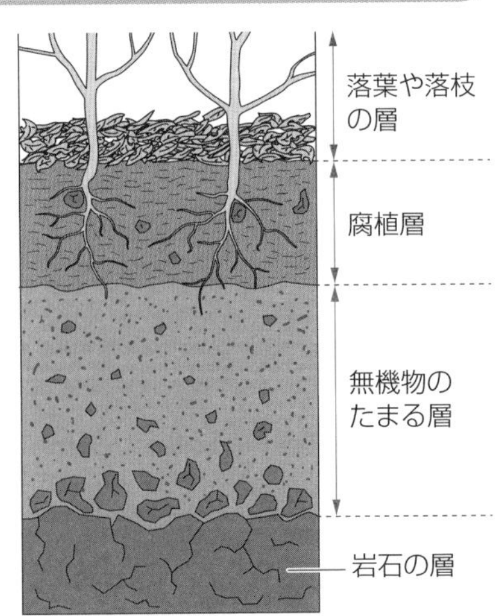

腐植層は落葉・落枝や動物の遺体などの有機物が部分的に分解された層で，黒っぽい色をしています。

❸ 光の強さと光合成の関係

なんだか難しそうなグラフですね。

大丈夫！　意外と単純なグラフなんですよ！

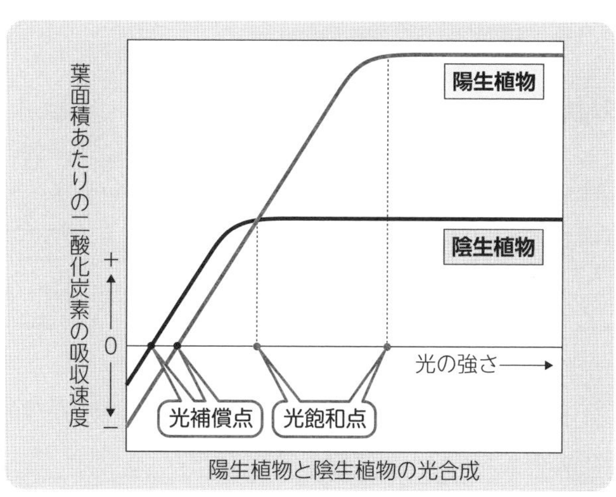

陽生植物と陰生植物の光合成

縦軸は「植物が差し引きでどれくらいの二酸化炭素を吸収したか」を意味しています。これがポイントです！

たとえば，光合成で100g の二酸化炭素を吸収し，同時に呼吸で20g の二酸化炭素を放出していた場合，差し引きで80g の二酸化炭素を吸収したことになりますよね？　光が弱い場合には呼吸速度が光合成速度を上回ってしまいますからマイナスの値になっているんです！

植物は「光合成速度＞呼吸速度」という関係にならないと成長することができません。なぜって，からだを構成する有機物の量を増やしていかないといけませんからね。そして，「**光合成速度＝呼吸速度**」となる光の強さを**光補償点**(ひかりほしょうてん)といいます。

陰生植物は弱光条件でも成長できる！　でも，強光条件だったら陽生植物の成長速度のほうがさらに大きくなるんですね！
ホント，単純なグラフなんですね♪

完璧ですね！　さらに，同じ樹木でも強光を受ける位置の葉（**陽葉**(ようよう)）は陽生植物に近い性質をもち，強光を受けられない位置の葉（**陰葉**(いんよう)）は陰生植物に近い性

質をもつようになります。植物はとても上手に環境に適応していることがわかりますね。

やっぱり陰キャよりも陽キャのほうが人生得ってことかしら……？

……。それはどうでしょう。

❹ 植生の遷移

植生が時間とともに変化することを**遷移**といいます。植生はどのように変化していくのでしょうか？

遷移はスタート時点の状態により，**一次遷移**と**二次遷移**に分けられます。

一次遷移	**特徴**：土壌の存在しない場所から始まる。
	例：**乾性遷移**(溶岩流などによってできた裸地から始まる) **湿性遷移**(湖沼などから始まる)
二次遷移	**特徴**：土壌の存在する場所から始まる。
	例：山火事や森林伐採の跡地，耕作放棄地などから始まる。

溶岩流などによってできた裸地には栄養分がなく，乾燥しており，きびしい環境に耐えられる植物しか生育できません。このように遷移の初期に現れる種を**先駆種**といいます。**地衣類**やコケ植物のほかにススキ(⇒ p.218)などの草本植物が先駆種になる場合があります。その後，徐々に土壌が形成され，草原となり，さらに**低木林**となります。

低木層までは地表付近まで光がちゃんと届くので，陽生植物が優占しますよ！

その後，**陽樹**(←陽生植物の樹木)が森林を形成して**陽樹林**となります。高木の森林になると林床に届く光が弱まるため，陽樹の幼木が生育できなくなります！　しかし，**陰樹**(←陰生植物の樹木)の芽生えは生育できますので，林床では**陰樹**の幼木だけが育っていきます。

……ということは，そのあとは……

おっ！　わかってきたようですね！
ちゃんと考えて，理解している証拠です。

陽樹が枯死していくと徐々に陰樹に置き換わっていき，陽樹と陰樹が混ざった**混交林**となり，さらに時間が経過すると**陰樹林**になります。

遷移のようすを模式図で見てみましょう♪

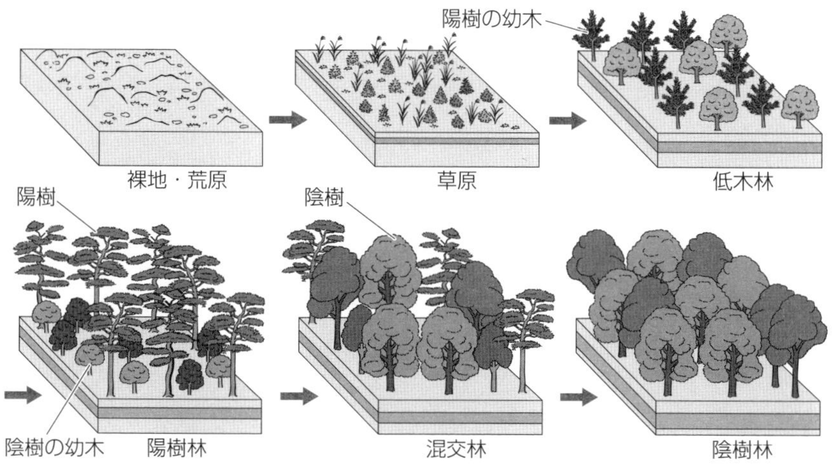

陰樹林の先はないんですか？

陰樹林の林床も暗いんですけど，陰樹の幼木は生育できますよね。よって，陰樹林になると，その後は原則としてず～～～～っと，陰樹林の状態になります。このように，植生を構成する植物種が変化しない状態を**極相**といい，極相になった森林を**極相林**といいます。

しかし，極相林であっても台風などで林冠を形成する樹木が折れたり，倒れたりした場合，林冠に隙間ができます。この隙間を**ギャップ**といいます。林床まで光が届くような大きいギャップができると，陽樹の種子が発芽して生育し，その一部が林冠まで成長できる場合があります。よって，極相林であっても陽樹が点在している場合があるんですよ。

❺ 気候とバイオームの関係

ばいおーむですか？　難しそうな名前ですね。

bio- は「生物」，-ome は「全部」という意味です。
遺伝情報全体のことをゲノム（⇒ p.52）といいましたよね？
ゲノムは遺伝子（gene）に -ome がついた単語ですよ。

バイオームは，ある地域の植生とそこに生息する動物などをすべて含めた生物のまとまりのことです。バイオームの種類と分布は，年平均気温と年降水量に対応します（下の図）。

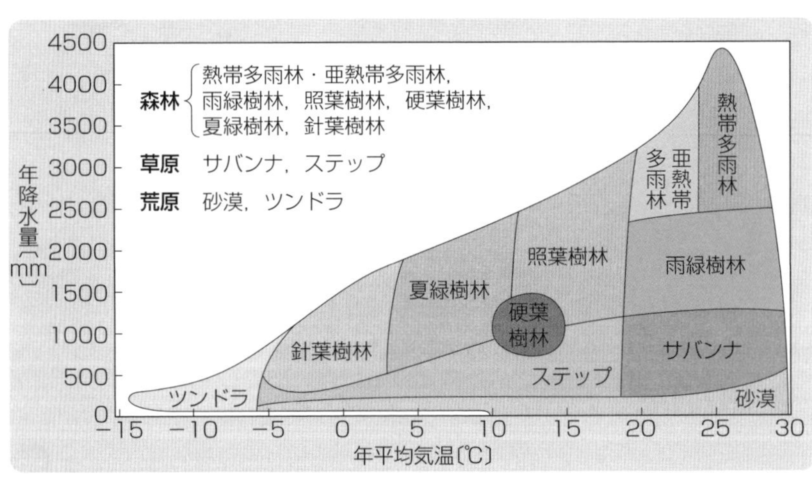

降水量が十分にあるならば……，気温の低いほうから**ツンドラ**，**針葉樹林**，**夏緑樹林**，**照葉樹林**，（**亜熱帯多雨林**），**熱帯多雨林**となります。

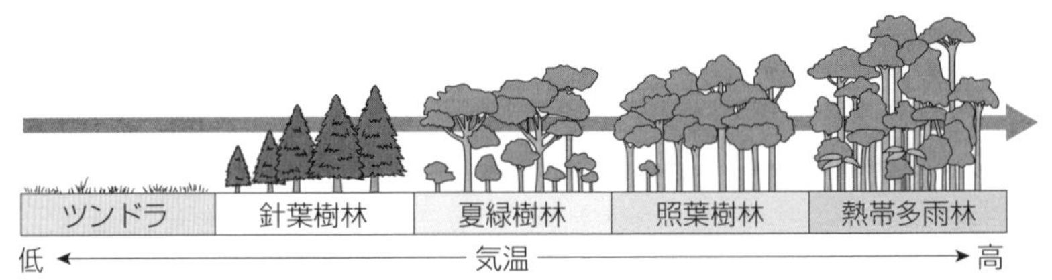

年平均気温が20℃を超えるような気温が高い地域であれば……，降水量の少ないほうから**砂漠**（さばく），**サバンナ**，**雨緑樹林**（うりょくじゅりん），**熱帯多雨林**となります。

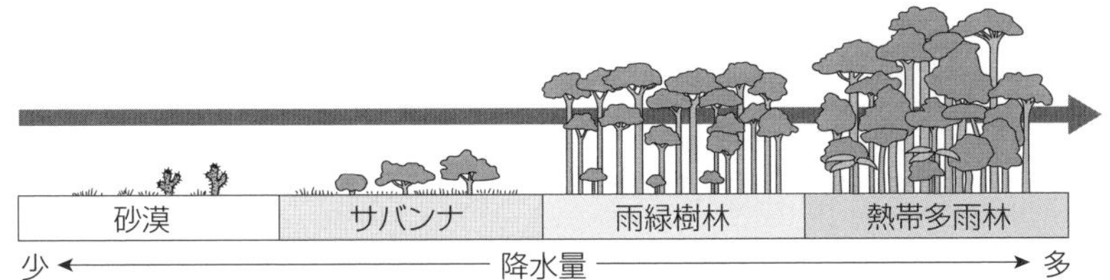

硬葉樹林はどこにあるんですか？　葉が硬いんですか？

そう，葉が硬いんです！　地中海沿岸のように夏に乾燥し，冬に雨が多い地域に分布します。クチクラが発達した小さく硬い葉をつけるのです。**オリーブ**や**コルクガシ**などの「地中海沿岸っぽい植物」が代表種です。

さて，各バイオームについて代表的な植物種をまとめましょう。

バイオームの種類	代表的な植物
熱帯多雨林	**フタバガキ**，着生（ちゃくせい）植物，つる植物，**ヒルギ**
亜熱帯多雨林	**アコウ**，**ヘゴ**，**ガジュマル**，**ヒルギ**
雨緑樹林	**チーク**
照葉樹林	**カシ**，**シイ**，**タブノキ**，ヤブツバキ
夏緑樹林	**ブナ**，**ミズナラ**，カエデ
硬葉樹林	**オリーブ**，コルクガシ，ゲッケイジュ
針葉樹林	**シラビソ**，**コメツガ**，**トウヒ**，**モミ**
サバンナ	イネ科の草本，**アカシア**
ステップ	イネ科の草本
砂漠	多肉植物（←サボテンなど）
ツンドラ	地衣類，コケ植物

インターネットで写真を検索してみると，楽しいですよ♪

熱帯や亜熱帯の河口付近には**ヒルギ**が生育し，**マングローブ**という森林を形成します。マングローブは植物の名前ではなく，森林の名前ですよ！

着生植物は，ほかの樹木などに付着して生育する植物です。ヘゴは樹木になるシダ植物です！　針葉樹林は主に常緑針葉樹であるシラビソ，トウヒ，モミなどからなりますが，場所によっては**カラマツ**のような落葉針葉樹も見られます。カラマツは漢字で書くと「落葉松」です！

シイのなかまの**スダジイ**ですよ！　葉がテカテカしていて，照葉樹って感じがするでしょ？

これは**ススキ**！　秋の七草の一種で，先駆種の代表例ですね。
お月見などのイメージがあるけれど，所詮は生命力の強い雑草です！

左の写真ではブナなのか，何なのか……？

人工の**ブナ**林です！
人工林なので，光が届いていますね。

右は大阪の植物園の**アラカシ**！
ドングリができるんですよね～！

日本のバイオームはすごいんですよ！

❻ 日本のバイオームの特徴と分布

何がすごいかって，日本では，基本的にどこに行っても十分な降水量があって，原則として「森林のみ」が成立するんです！　だから，日本では**水平分布**（←緯度に応じたバイオームの水平方向の分布）と**垂直分布**（←中部地方における標高に応じたバイオームの垂直方向の分布）で，同じ種類のバイオームが同じ順番に出現するんです。

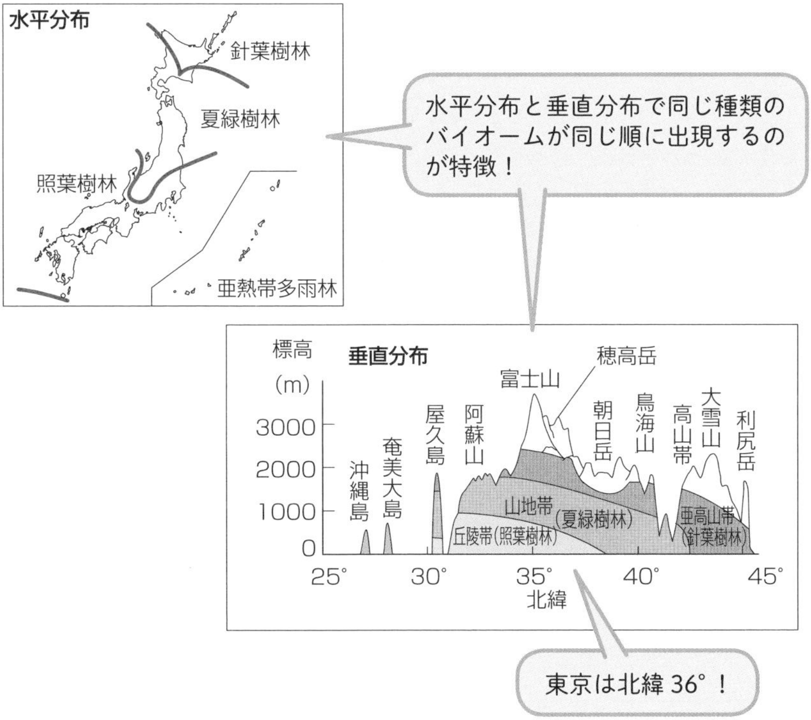

水平分布

針葉樹林
夏緑樹林
照葉樹林
亜熱帯多雨林

水平分布と垂直分布で同じ種類のバイオームが同じ順に出現するのが特徴！

垂直分布

標高（m）
3000
2000
1000
0
沖縄島
奄美大島
屋久島
阿蘇山
富士山
穂高岳
朝日岳
鳥海山
高山帯
大雪山
利尻岳
山地帯（夏緑樹林）
丘陵帯（照葉樹林）
亜高山帯（針葉樹林）
25°
30°
35°
40°
45°
北緯

東京は北緯 36°！

日本のバイオームは低緯度地域から順に，亜熱帯多雨林，照葉樹林，夏緑樹林，針葉樹林となります（前ページの左の図）。九州，四国から関東地方までの低地に照葉樹林が，東北から北海道南部の低地には夏緑樹林が成立していますね。

気温は標高が100m 増すごとに約0.5〜0.6℃低下します。よって，標高に応じてバイオームが変化しますね。本州中部では，標高が700m 程度までの**丘陵帯**に照葉樹林が，1700m 程度までの**山地帯**には夏緑樹林が，2500m 程度までの**亜高山帯**には針葉樹林が成立します（前ページの右図）。

標高が 2500m より高い場所には何があるんですか？

亜高山帯の上限を**森林限界**といって，さまざまな要因でこれより高い場所には森林ができません。森林限界よりも上の地帯は**高山帯**とよばれ，低木の**ハイマツ**や，草本の**コマクサ**などの高山植物が分布していますよ。

ハイマツは漢字で「這松」！　樹高が低く，地面を這っているみたいなマツということですよ。
高山帯は風が強くて，高い樹木になることができないんです。

第9章　生態と環境

4 生態系とはなにか？

「生態系とはなにか？」を理解することは，環境問題をきちんと理解するための第一歩ですよ！

❶ 生態系

ある地域に生息する生物と，それらを取り巻く環境とをまとめて**生態系**といいます。ここまでは196ページのおさらいですね。

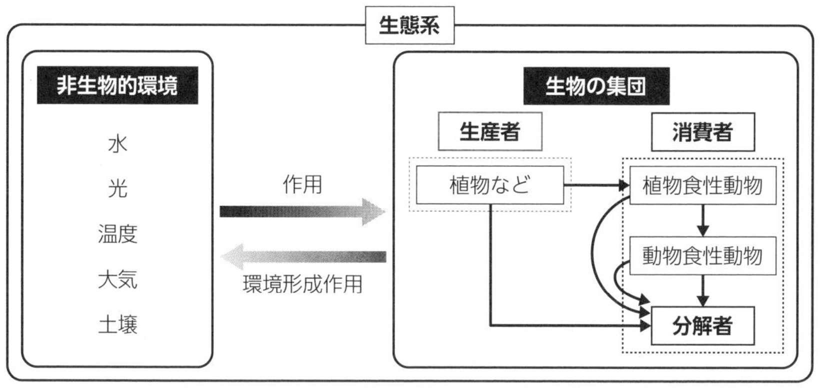

生態系において，植物や藻類のように無機物から有機物を合成できる**独立栄養生物**を**生産者**といいます。これに対して，生産者がつくった有機物を直接または間接的に取り込んで利用する**従属栄養生物**を**消費者**といいます。消費者のうち，生産者を食べる動物（植物食性動物）を**一次消費者**，一次消費者を食べる動物（動物食性動物）を**二次消費者**といいます。さらに，枯死体・遺体・排出物を分解する過程にかかわる消費者を**分解者**といいます。

分解者は，消費者の一種なんですね！

生態系内での被食者と捕食者の繋がりを**食物連鎖**といいます。実際の生態系では捕食者は複数種の生物を捕食しているので，食物連鎖は複雑な**食物網**となっています。(⇒ p.208)

❷ 栄養段階と生態ピラミッド

昨日，海鮮丼食べたんだけど……，私って何次消費者なのかな……？

ヒトは雑食ですからね。何次消費者とは決められません。

生産者からみた食物連鎖の各段階を**栄養段階**といいますね。各栄養段階の生物の個体数を調べて積み上げると，「基本的に」ピラミッド状になります。これを**個体数ピラミッド**といいます（下の左側の図）。

続いて，各栄養段階の生物の生物量……，すごくかみ砕いて表現すると「重さ」を測定して積み上げた場合にも，「基本的に」ピラミッド状になります。これを**生物量ピラミッド**といいます（下の右側の図）。

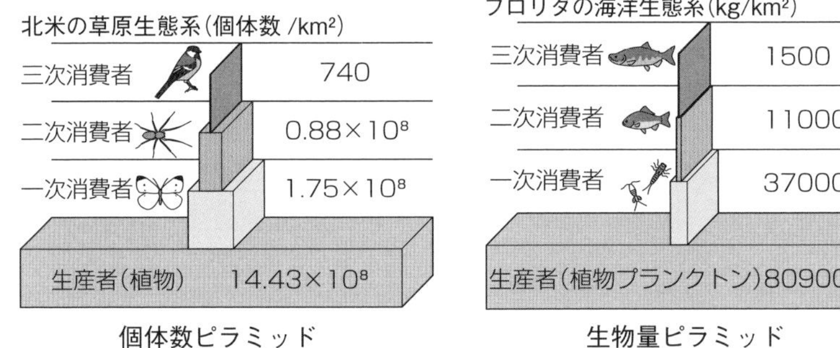

個体数ピラミッド　　　生物量ピラミッド

先生の「基本的に」っていう表現が気になりますね！

さすが，よく気づきましたね♪

たとえば，個体数ピラミッドだと……，生産者が巨大な樹木，一次消費者が小さな虫だとしますね。この場合，一次消費者の個体数のほうが圧倒的に多くなるでしょ？　このように，例外的にピラミッドが逆転することもあるので，「基本的に」って言ったんですよ。

おぉ！　なるほど♫

ヒトは雑食って言いましたけど，わが故郷，長野県ではイナゴを佃煮にして食べるんです。おいしいんですよ！　本当に♪　長野県に行く機会があれば是非！　お土産屋さんにも売っていますから。

……はい，前向きに検討します。

一応……，先日の伊藤家の食卓のイナゴちゃんです！

おいしいんですよ。ホント !!　話題の「昆虫食」です。うちの娘も大好きですもん !!

❸ 炭素循環

炭素は，生態系内を循環しています。

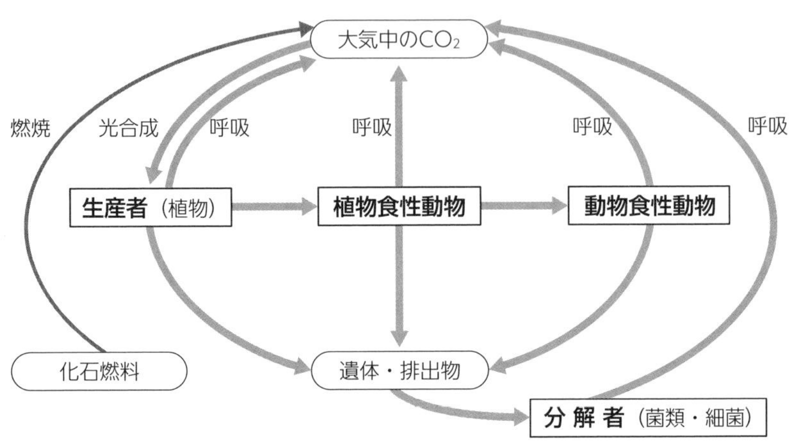

生物に含まれる有機物を構成する炭素原子（C）は，もともとは二酸化炭素（CO_2）です。大気中にはCO_2が約0.04%（←0.04%は400ppmです）含まれており，生産者に取り込まれて有機物に変えられます。その有機物の一部は生産者の呼吸で利用されたり，体内に蓄積されたりします。また，一部は一次消費者（植物食性動物）に食べられ，さらに落葉・落枝などにより土壌へと供給されます。

動物が食べて獲得した有機物も同様に，呼吸でつかわれたり，体内に蓄積されたり，さらにほかの動物に食べられたり，遺体や排出物として土壌に供給されたりします。そして，土壌中に供給された有機物は分解者の呼吸によってCO_2に戻ります。ということで，炭素（C）は循環しているんですよ。

上の図中の**化石燃料**とは，石油や石炭のことです。
人間がこれらを燃焼させて利用することで，大気中の二酸化炭素濃度が上昇していますね（⇒ p.234）。

❹ 窒素循環

炭素以外の物質も生態系内を循環しています。もちろん，窒素も循環していますよ。

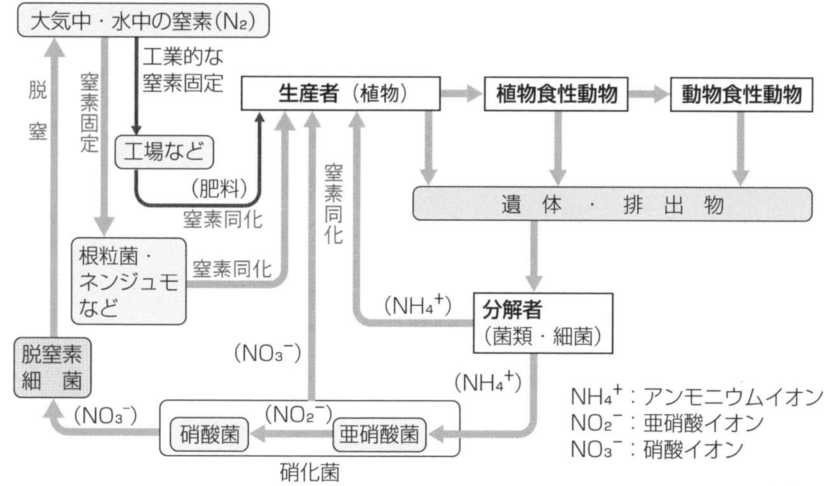

炭素循環より複雑そうですね。

たしかに，ちょっと複雑ですね。コツコツ攻めていきましょう！

窒素固定は，大気中の窒素ガス(N_2)からアンモニウムイオン(NH_4^+)をつくることです。窒素固定は一部の原核生物のみが行うことができます。**根粒菌**，**アゾトバクター**，クロストリジウム，さらに，ネンジュモなどの一部のシアノバクテリアなどです。

根粒菌は単独で生活をしているときは窒素固定をしませんが，ゲンゲなどのマメ科植物の根に共生すると窒素固定を行うようになります。

動植物の枯死体・遺体や排出物に含まれる有機窒素化合物は分解者のはたらきでアンモニウムイオン(NH_4^+)に変えられます。このNH_4^+は，**亜硝酸菌**と**硝酸菌**という細菌により硝酸イオン(NO_3^-)になります。そして，NH_4^+やNO_3^-は植物に取り込まれます。

亜硝酸菌と硝酸菌を合わせて**硝化菌**(しょうかきん)というんですね！

植物は取り込んだ NH_4^+ や NO_3^- をつかってタンパク質や核酸などの有機窒素化合物を合成します。このはたらきを**窒素同化**(ちっそどうか)といいます！

また，土壌中の一部の NO_3^- は**脱窒素細菌**(だつちっそさいきん)のはたらきによって窒素ガス(N_2)に戻されます。このはたらきを**脱窒**(だっちつ)といいます。

近年，窒素肥料などを工業的につくる人間の活動で，工業的に固定される窒素の量が増大しているんです。

❺ エネルギーの流れ

エネルギーは生態系内を……，循環しません!!

もしエネルギーが循環するなら，太陽がなくなっても大丈夫な世界になってしまいます！(笑)　太陽の光エネルギーは生産者の光合成によって吸収され，その一部が有機物の化学エネルギーに変えられます。この有機物の化学エネルギーは食物連鎖を通して上位の消費者に取り込まれたり，遺体や排出物として分解者に渡されたりします。この過程で利用されたさまざまなエネルギーは，結局，最終的には**熱エネルギー**になって大気中に放出されてしまいます。その後，この熱エネルギーは赤外線として宇宙空間へと出ていくんです(下の図)。

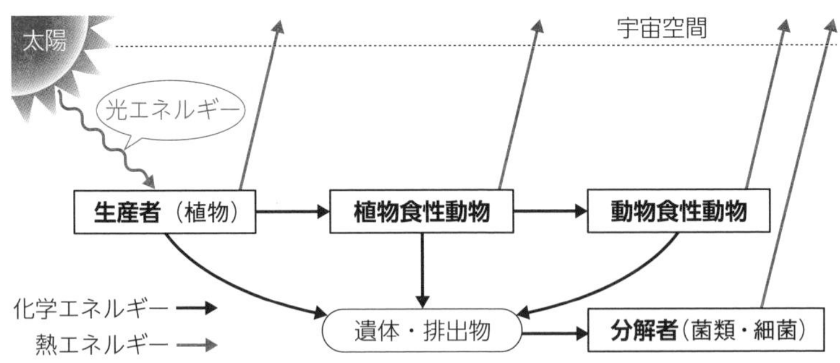

物質は循環するけれど，エネルギーは循環しないということですね。

第9章　生態と環境

物質収支を計算する

おこづかいを 1000 円貰いました！
困ったことに，うっかり 200 円を落としちゃいました。

うっかり !?

300 円を使いました！　いくら残っていますか？

小学生の算数ですね……。もちろん 500 円です。

この分野の計算はこんな感じ！　計算そのものは簡単ですよ。

❶　生産者の生産量と成長量

次のページの図を見てください。一定面積内に存在する生物量を**現存量**といいます。大雑把にいえば，有機物の重さですね。また，一定面積内の生産者が光合成で生産する有機物の総量を**総生産量**といいます。総生産量の一部は呼吸で消費され，生産者の生命活動に用いられます。この量を**呼吸量**といいます。そして，総生産量から呼吸量を差し引いたものを**純生産量**といいます。

「**純生産量＝総生産量－呼吸量**」という関係ですね。

生産者のからだの一部は，落葉・落枝などで失われたり，一次消費者に食べられたりします。これらの量をそれぞれ**枯死量**，**被食量**といいます。純生産量から枯死量と被食量を引いた残りが，生産者の**成長量**，つまり生産者の現存量の増加分となります。

「**成長量＝純生産量－（枯死量＋被食量）**」という関係ですよ。この関係を図にしたものが下の図です。

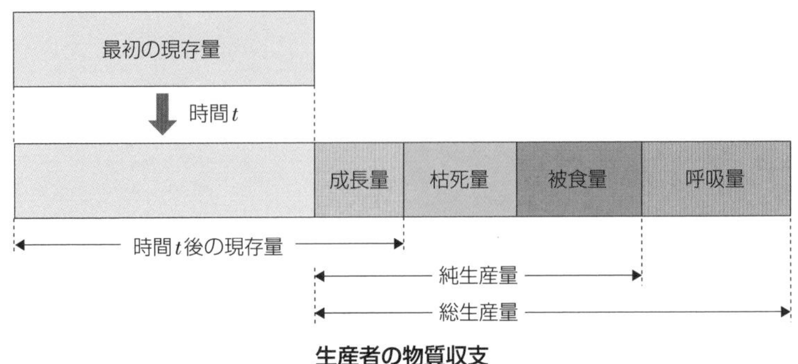

生産者の物質収支

❷ 消費者の同化量と成長量

次は消費者である動物について考えてみましょう！　動物が食べた量を**摂食量**（せっしょくりょう）といいます。食べた有機物をすべて消化・吸収することはできませんね。ですから，摂食量から**不消化排出量**（ふしょうかはいしゅつりょう）（←うんちの量）を引いた分が実際に吸収される量で，これを**同化量**（どうかりょう）といいます。

「**同化量＝摂食量－不消化排出量**」という関係ですよ。

消費者の同化量は生産者の総生産量に相当します。ですので，同化量から**呼吸量**（こきゅうりょう），さらに**被食量**（ひしょくりょう）と**死滅量**（しめつりょう）を引いた残りが消費者の**成長量**（せいちょうりょう）となります。なお，消費者において，同化量から呼吸量を引いた量を**生産量**といいます。

「**成長量＝同化量－（呼吸量＋被食量＋死滅量）**」という関係ですよ。この関係を図にしたものが下の図です。

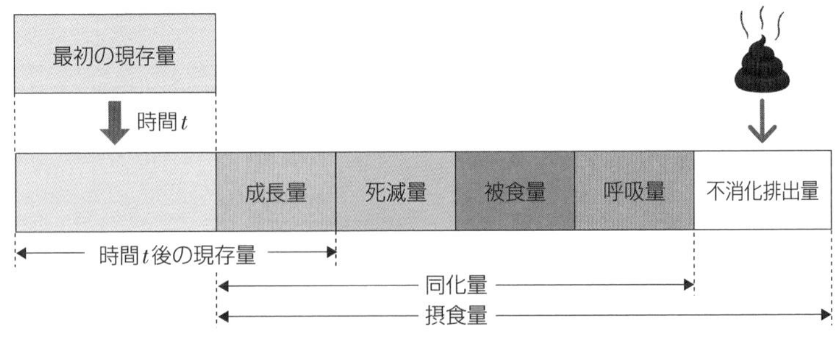

消費者の物質収支

生産者の物質収支も，消費者の物質収支も完璧ですね。

図を見ると理解しやすいですね！

今度は生産者も消費者も分解者も含めた，
みんなまとめた物質収支を考えますよ！

難しそうですが……，がんばります！

生産者と消費者の計算公式の図を積み重ねたものが下の図です。一見，複雑ですが……。

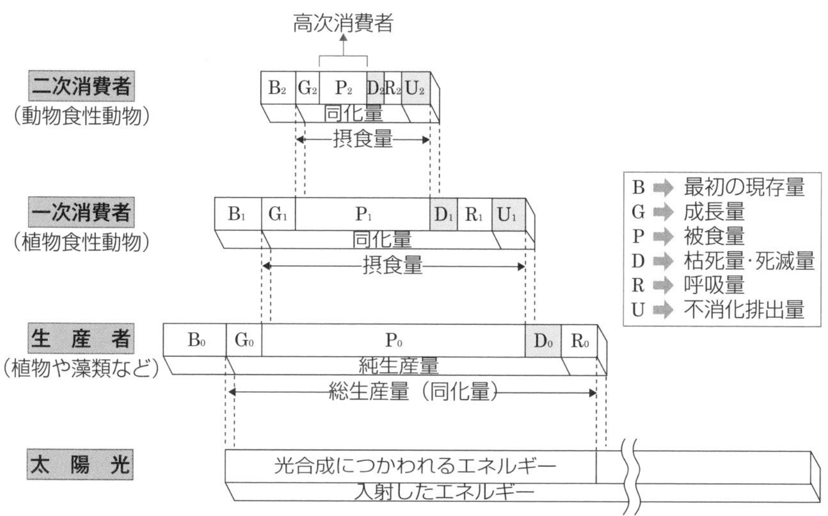

生物群集全体での物質収支

「前の栄養段階の被食量＝次の栄養段階の摂食量」
という関係がポイントですよ。

「生産者が20kg 食べられました」ということは「一次消費者が20kg 食べました」ということですよね。また，各栄養段階の枯死量，死滅量，不消化排出量は分解者の呼吸によって利用されます。物質は生態系内を循環しているので，遺体や排出物がさらに利用されて……，と続いていくんですね。

❸　森林の物質収支の変化

214ページで学んだ森林の遷移について，もちろん覚えていますね？　遷移の進行にともなう森林の物質収支を考えてみましょう。

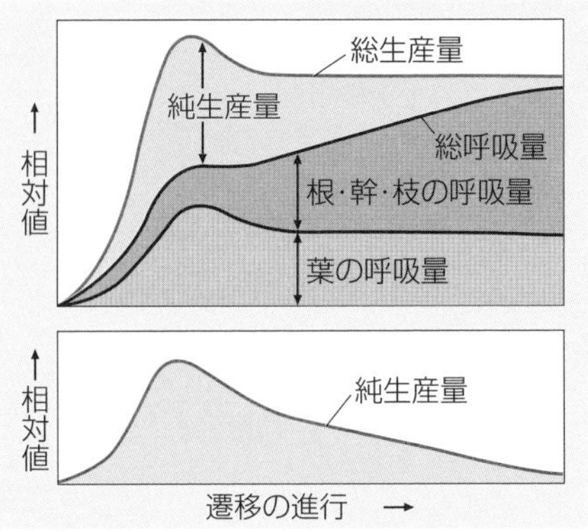

上のグラフは総生産量，呼吸量，純生産量の変化を示しています。下のグラフは純生産量の変化だけを見やすく示したものです。

陽樹林になるまでの遷移の前半では，総生産量がグングン大きくなるので，純生産量も大きくなっていきます。

しかし，遷移の後半になると葉の量が一定になるため総生産量は増加しなくなります。一方，根や幹は増加していき，**極相**(きょくそう)になると純生産量が非常に小さくなってしまいます。

結局，極相林って二酸化炭素をあまり吸収していないことになるんですね！

そのとおり！　成長している途中の森林は二酸化炭素をドンドン吸収・固定しているんですが，成長しきった極相林は二酸化炭素をあまり吸収していません！

❹　さまざまな生態系の物質生産

さまざまな生態系の物質生産を右の表にまとめました。表の数値の単位はkgC/(m^2・年)，1m^2あたり，1年に何kgの炭素に相当する純生産量があるかです。

熱帯多雨林	0.8
サバンナ	0.45
湿原	1.3
外洋	0.13

湿原はすごく多いですね。

湿原の生産者は基本的に草本で，幹や根の呼吸量が小さいので純生産量は大きくなります。また，水不足に陥ることもなく，乾燥による気孔閉口があまり起こらないので水不足による光合成速度の低下が起こりにくいなど，さまざまな要因で湿原の純生産量が大きくなるんですよ。

第9章　生態と環境

環境問題を考えよう

バランス♪　バランス♪　バランスが大切♪

先生，ご機嫌ですね！　私，ヒトデって可愛いイメージをもっていたんですけど，次の図を見ると，高次消費者なんですね！ビックリ！

❶　生態系のバランスと変動

ヒトデって星形で可愛いですよね。やっぱり高次消費者といえばライオンとかサメのような怖いイメージをもっている人が多いですものね。

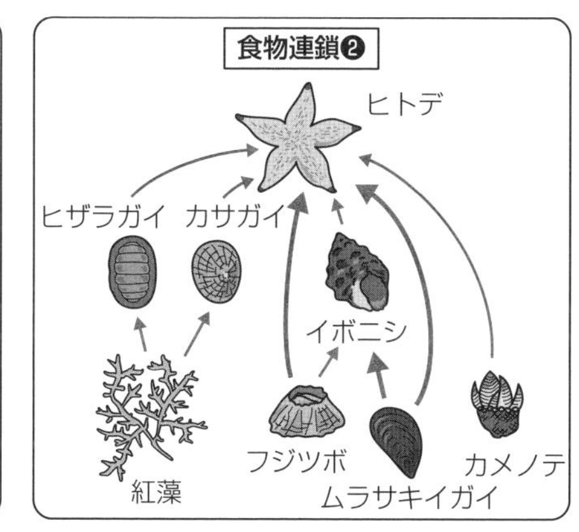

生態系を構成する生物を減らすような現象(台風，洪水，山火事など)を**かく乱**(らん)といいます。生態系はかく乱を受けても，ある程度の範囲内であればもとに戻ります。この生態系をもとに戻す力を**復元力**(ふくげんりょく)といいます。

「かく乱」は起こらないほうがいいんですよね？

復元力を超えるような大規模なかく乱が起きると，別の生態系に移行してしまいますが……，じつは，少々であれば，かく乱が起きたほうがよい生態系もあるんですよ(⇒ p.233)。

第9章　生態と環境

さて，前のページの食物連鎖❶を見てください。
この食物連鎖が成立している生態系にシャチがやってきて，ラッコの個体数が激減しました。さぁ，この生態系はどうなっちゃうでしょう？

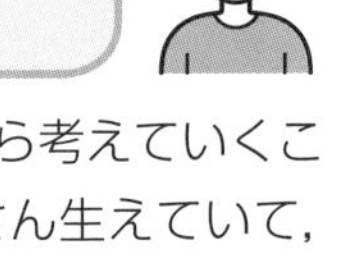

ウニが増えます！　さらに，増えたウニに食べられてコンブが減ると思います。

すばらしい！　このように，生態系は状況をイメージしながら考えていくことが重要ですよ！　じつは，コンブは森のように海底にたくさん生えていて，小さい魚や甲殻類（←エビなど）の生活場所にもなっています。このため，コンブが減ると，これらの動物も減少してしまいます。

この生態系は，ラッコがいなくなったことでバランスが大きく崩れてしまいました。ラッコのように，生態系のバランスを保つうえで重要な生物種のことを**キーストーン種**（⇒ p.209）といいましたね。

次に，食物連鎖❷の生態系を考えましょう。

食物連鎖❷に登場する生物は，どれも岩場で生活しています。お互いに「食う - 食われる」という関係にあったり，生活場所を奪い合うような競争関係にあったりします。この生態系からヒトデを除去すると……，

ヒトデに食べられていた生物が増えます！

さらに !?

えっ？　さらに……，ですか……??

増えた生物（ムラサキイガイ，フジツボなど）の生活場所が不足してきます。その結果，生活場所を巡る争いが激しくなります。じつは，この競争ではムラサキイガイがとっても強いんです！　ですので，しばらくすると，この岩場はムラサキイガイに独占され，ほかの種がほとんどいなくなってしまいます。

ヒトデがキーストーン種だったんですね。

そのとおり。ヒトデがさまざまな生物を捕食することによって，岩場の種の多様性が保たれていたんですね。このように，かく乱によって多様性が大きく変化することがあるのです。台風で林冠にギャップ(⇒ p.215)ができることで極相林に陽樹が生育できる現象も，かく乱によって多様性が大きくなる例です。

❷ 自然浄化

川や海などに流れ込む物質も，生態系に影響を与えることがあります。

川や海に流入した有機物などの汚濁物質は，少量であれば分解者のはたらきにより減少します。この作用を**自然浄化**といい，復元力の一例と考えられます。

そもそも，有機物が流入するって悪いことなんですか？

有機物が流入すると，分解者である細菌が増殖します。すると，水中の酸素(O_2)が不足し，有機物の分解で生じたアンモニウムイオン(NH_4^+)の濃度が高まり，魚などが生息できなくなってしまいます。

湖沼や内湾に**栄養塩類**が流入すると，さらに困ったことになる場合があります。栄養塩類というのは，窒素(N)やリン(P)を含む塩類(イオン)のことです。湖沼や内湾で栄養塩類の濃度が高まる現象を**富栄養化**といいます。人間の活動によって大規模な富栄養化が起こると，これを利用する植物プランクトンが異常繁殖します。これが湖沼で起こったものが水面が青緑色になる**アオコ**(水の華)，内湾で起こったものが水面が赤褐色になる**赤潮**です！

異常増殖したプランクトンの遺体を細菌が分解するために，大量の酸素(O_2)が消費されます。アオコや赤潮が発生している場所では水中は酸欠状態となり，魚の大量死などが起こることがあります。

生態系のバランスが大きく崩れてしまうんですね。

❸ 地球温暖化

温室効果ガスってどんな気体ですか？

二酸化炭素のことですよね？

たしかに二酸化炭素は**温室効果ガス**の代表例ですね。ほかにも**メタン**やフロンなども温室効果ガスです。下の図のように，温室効果ガスは地表から放出され，本来なら宇宙空間に出ていくはずの熱エネルギーを吸収し，再び地表に向かって放出してしまいます。

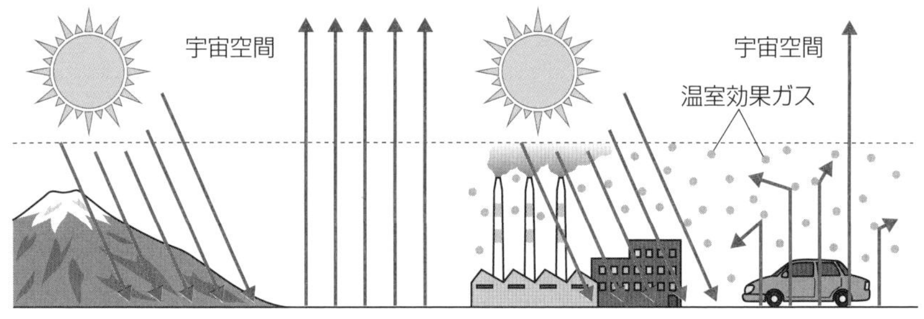

CO_2濃度は1990年では約350ppm（＝0.035%）だったのが，化石燃料の大量消費などにより，現在では約390ppm（＝0.039%）にまで上昇しています。その結果，21世紀末までに地球の気温が1.0～3.7℃も上昇するといわれています。

❹ 生物濃縮

水俣（みなまた）病については，社会科で習ったかもしれませんね。

生物に取り込まれた物質が体内で濃縮する現象を，**生物濃縮**（せいぶつのうしゅく）といいます。生物濃縮は分解しにくい物質や体外に排出しにくい物質によって起こることが多く，食物連鎖を通して高次消費者の体内に，より高濃度で蓄積されてしまいます。

アメリカでDDTという農薬が生物濃縮され，カモメやペリカンなどの高次消費者の個体数が激減し，この現象が認識されるようになりました。

かつて，熊本県の水俣湾に化学工場から流入した**有機水銀**が生物濃縮され，1万人以上の人に神経障害などの健康被害（**水俣病**）が出てしまいました。その後，約500億円をかけて，水銀を封じ込めるための埋め立て工事が行われたため，現在では水俣湾の魚介類から環境基準を上回る水銀が検出されない状態になっています。

❺ 外来生物

うちの小学生の娘が「外来生物」の図鑑が大好きでねぇ。「オオクチバス，オオクチバス！」いうてるんですよ。

英才教育（？）ですね。

右の写真がオオクチバス（ブラックバス）です。**外来生物**というのは，本来は，その地域に生息しておらず，人間の活動によってもち込まれて定着した生物のことです。そのなかでも，移入先の生態系のバランスを壊したり，人間の生活に影響したりする生物は**侵略的外来生物**といいます。環境省により**特定外来生物**に指定された生物は，飼育や輸入などが禁止されます。オオクチバスのほかに……，**フイリマングース**，アメリカザリガニ，カミツキガメ，ウシガエル……，ものすごく多くの種類の生物が特定外来生物に指定されています。

沖縄本島や奄美大島では，ハブを駆除するためにフイリマングースを導入しました。しかし，ハブが夜行性であるため，昼行性のフイリマングースはあまりハブを食べず，希少種であるアマミノクロウサギなどを食べてしまったんです。環境省は2005年に「フイリマングースを全頭捕獲する！」と決定しました。

アマミノクロウサギはあしが短くて，逃げるのが下手で……，まさか，自分の島にマングースがいるとは思ってないもんね。

また，琵琶湖では雑食性で繁殖力の強いオオクチバスが，在来生物であるホンモロコ，フナなどを食べてしまいました。

ホンモロコは，今では高級食材になってしまいました！

世界自然遺産に指定された小笠原諸島では，人間がもち込んだネコや外来生物のトカゲ(グリーンアノール)などが増殖して問題となっています。

外来生物の問題は，本当に解決するのが難しいんです!!

外来生物の影響だけでなく，人間による開発といったさまざまな原因によって絶滅のおそれがある生物を**絶滅危惧種**といいます。絶滅のおそれがある生物をその危険性ごとに分類したものを**レッドリスト**といい，これを記載したものを**レッドデータブック**といいます。

日本の絶滅危惧種としては……，**イリオモテヤマネコ**，**ヤンバルクイナ**，**アマミノクロウサギ**，ハヤブサ，タイマイ，オオルリシジミ，マリモ，ライチョウ，ゲンゴロウ……と，2019年の時点で3676種も指定されています。

❻ 里山の保全

ここまで読み進めてきて，「絶対に，人間は自然に手を加えてはいけないんだ！」と決めつけてしまっていませんか？

じつは，人間が手を加えることで守られる生態系もあるんですよ。

その代表例が**里山**！　里山というのは，昔ながらの農村の集落とその周辺のことです。水田や畑があって，水路があり，ため池があり，**雑木林**があります。里山にはこうした多様な環境があるため，多様な生物が生息することができます。

雑木林ってどんな林ですか？

その集落に住んでいる人が薪をつくるために，森に入って適度に木を伐採するため，林冠に植物が密集しておらず，林床が比較的明るい状態に保たれている森林のことです。ですので，雑木林では**クヌギ**や**コナラ**といった陽樹が多く生育しています。クヌギやコナラは落葉樹ですが，照葉樹林が生育する地域であってもこれらが優占することが多いんです。雑木林に人手が加わらなくなると，遷移が進んで陰樹が優占する極相林になってしまいます。

雑木林には多様な生物がおり，絶滅危惧種や貴重な固有種が生息している場合もあります。ほったらかしにして雑木林が変化してしまうと，これらの貴重な生物がいなくなってしまうおそれがあるんですよ。

❼ 生物多様性

さぁ，ラストも生物多様性でしめましょう！

スタートも生物多様性でした。大事ですから！

なんで大事か，わかってますか？

何となく……！　何となくじゃだめですよね。がんばります。

地球上に存在する生物は多様です。この生物多様性は，「**遺伝的多様性**」「**種多様性**」「**生態系多様性**」という3つのレベル（＝階層）で考えられます。具体的に見ていきましょう。

同じ種の同じ形質にかかわる遺伝子であってもさまざまな対立遺伝子があり，各個体のもつ遺伝子の組み合わせは非常に多様ですね。このような遺伝的多様性の大きな集団には寒さに強い遺伝子をもつ個体や，飢餓に強い遺伝子をもつ個体など，さまざまな個体が含まれる可能性が高く，それらの個体は環境の変化などで絶滅しにくくなります。

個体群の分断などで遺伝的多様性の小さい集団が形成されると，**絶滅の渦**に巻き込まれてしまうこともあるんですよ。

生態系にはさまざまな種の個体群が含まれていますね。生態系における種の多さが種多様性です。一般に，種多様性の大きな生態系のほうがかく乱などに対する**復元力**（⇒ p.231）が大きくなります。また，多くの種が偏りなく存在するほど種多様性が大きな生態系と考えられます。

現在，人類が記録できている生物種が約190万種，未知の種はもっともっといると考えられています。しかし，人間の活動により多くの種が絶滅に追いやられ，種多様性は近年大きく減少してしまっていますね。

さらに，地球上にはさまざまな生態系があります。荒原，草原，森林，湖沼，海，干潟……，さまざまな生態系が存在することで，多くの種が存在します。しかし，たとえば，埋め立てによって干潟が失われてしまい，そこに生息していた生物が絶滅してしまうなど，人間の活動が生態系の多様性に対して影響を及ぼしてしまっている現状があります。

生物多様性を低下させてしまう要因について考えてみましょう。

まずは，大規模のかく乱（⇒ p.210）です。火山の噴火や大規模な山火事などによって以前の生物多様性が失われ，回復に膨大な時間を要したり，回復不可能になってしまったりします。

中規模のかく乱によって多様性が保たれる場合がありましたけど，さすがに大規模のかく乱はマズいのですね。

開発などによる生息地の分断化が原因で，生物種が絶滅してしまうこともあるんです。個体群が分断化されると，小さな個体群（局所個体群）に分かれてしまい，それぞれの局所個体群における遺伝的多様性が小さくなる傾向があります。その結果，性比の偏りや**近親交配**などにより出生率が低下したり，環境変化や感染症などに対応できなくなったりする可能性が高まってしまいます。

近親交配って，何がダメなんですか？

近親交配っていうのは，血縁関係にある個体どうしの交配のこと。「血縁関係にある個体」っていうのは，共通の祖先がいる個体どうしっていうことです。

近親交配では，ホモ接合体が生じる可能性が高くなるんです。よって，有害な潜性（劣性）遺伝子のホモ接合体が生じてしまう可能性が高くなります。その結果，集団内に適応度の低い個体が増えてしまいます。このような現象を**近交弱勢**といいます。

生態系からの恩恵（**生態系サービス**）を今後も継続的に受け続けるためには，生物多様性を保全していく必要があるんですね。

ついに最後のページまできました！

楽しかったです。好きなところから読み直してみようかな。

私も楽しかったですよ。本当に，おつかれさまでした。

おわりに

先生は「生物学を学んでいてよかった」と感じるのはどんなときですか？

小さいことですが，娘と散歩していて「パパ，あの花は何？」って聞かれて「これはニガナ，あれはオオバコ！」って教えられるときとか……

……！　とっても嬉しい瞬間ですね！

もちろん，最新の研究内容を理解できる喜びや，新たな発見に出合える喜びなどもありますよ。しかし，教養っていうのは『役に立つか立たないか』ではないですからね。ふとした瞬間に,「あ，知っていてよかった！」となるかもしれないですし。なにより学ぶことが楽しい，面白いという気持ちが大事なんだと思います。生物学に対して今後も興味を持って過ごして下さいね。

先生，本当にありがとうございました！

伊藤　和修（いとう　ひとむ）
駿台予備学校生物科専任講師。
京都大学農学部卒（専門は植物遺伝学）。派手な服を身にまとい、ノリノリで行われる授業では、“「わかりやすさ」と「おもしろさ」の両立”をモットーに、体系的な板書と丁寧な説明に加え、小道具（ときに大道具）を用いて視覚的なインパクトも追求。
著書は『大学入学共通テスト 生物の点数が面白いほどとれる本』『大学入学共通テスト 生物基礎の点数が面白いほどとれる本』『大学入試 ゼロからはじめる 生物計算問題の解き方』『直前30日で９割とれる 伊藤和修の 共通テスト生物基礎』（以上、KADOKAWA）、『生物の良問問題集［生物基礎・生物］ 新装版』（旺文社）など多数。

大人の教養　面白いほどわかる生物

2023年５月26日　初版発行

著者／伊藤　和修

発行者／山下　直久

発行／株式会社KADOKAWA
〒102-8177　東京都千代田区富士見2-13-3
電話　0570-002-301（ナビダイヤル）

印刷所／株式会社加藤文明社印刷所
製本所／株式会社加藤文明社印刷所

●お問い合わせ
https://www.kadokawa.co.jp/（「お問い合わせ」へお進みください）
※内容によっては、お答えできない場合があります。
※サポートは日本国内のみとさせていただきます。
※Japanese text only

定価はカバーに表示してあります。

ISBN 978-4-04-605946-8　C0045